未来科技

云计算与通信

张海霞　主编

〔美〕保罗·韦斯　〔澳〕切努帕蒂·贾格迪什　副主编
白雨虹

科学出版社
北京

内 容 简 介

本书聚焦信息科学、生命科学、新能源、新材料等为代表的高科技领域，以及物理、化学、数学等基础科学的进展与新兴技术的交叉融合，其中70%的内容来源于IEEE计算机协会相关刊物内容的全文翻译，另外30%的内容由Steer Tech和iCANX Talks上的国际知名科学家的学术报告、报道以及相关活动内容组成。本书将以创新的方式宣传和推广所有可能影响未来的科学技术，打造具有号召力，能够影响未来科研工作者的世界一流的新型科技传播、交流、服务平台，形成“让科学成为时尚，让科学家成为榜样”的社会力量！

图书在版编目（CIP）数据

未来科技：云计算与通信/张海霞主编.—北京：科学出版社，2021.11

ISBN 978-7-03-070333-0

Ⅰ.①未… Ⅱ.①张… Ⅲ.①高技术－普及读物 Ⅳ.①TB-49

中国版本图书馆CIP数据核字（2021）第220262号

责任编辑：杨 凯 / 责任制作：付永杰 魏 谨

责任印制：师艳茹 / 封面制作：付永杰

北京东方科龙图文有限公司 制作

http://www.okbook.com.cn

科学出版社 出版

北京东黄城根北街16号

邮政编码：100717

http://www.sciencep.com

北京九天鸿程印刷有限责任公司 印刷

科学出版社发行各地新华书店经销

*

2021年11月第 一 版 开本：787×1092 1/16

2021年11月第一次印刷 印张：7 1/2

字数：151 000

定价：55.00元

（如有印装质量问题，我社负责调换）

编委团队

张海霞，北京大学，教授

iCAN&iCANX发起人，国际iCAN联盟主席，教育部创新创业教指委委员。2006年获得国家技术发明二等奖，2014年获得日内瓦国际发明展金奖，2017年荣获北京市优秀教师和北京大学“十佳导师”光荣称号，2018年荣获北京市五一劳动奖章和国家教学成果二等奖，2020年入选福布斯中国科技女性五十强，2021年荣获Nano Energy Award。2007年发起iCAN国际大学生创新创业大赛，每年有20多个国家数百所高校的上万名学生参加。在北京大学开设《创新工程实践》等系列创新课程，2016年成为全国第一门创新创业的学分慕课，2017年荣获全国精品开放课程，开创了“赛课合一”iCAN创新教育模式，目前已经在全国30个省份的700余所高校推广。2020年创办iCANX全球直播平台，获得世界五大洲好评。

保罗·韦斯(Paul S. Weiss)，美国加州大学洛杉矶分校，教授

美国艺术与科学院院士，美国科学促进会会士，美国化学会、美国物理学会、IEEE、中国化学会等多个学会荣誉会士。1980年获得麻省理工学院学士学位，1986年获得加州大学伯克利分校化学博士学位，1986~1988年在AT&T Bell实验室从事博士后研究，1988~1989年在IBM Almaden研究中心做访问科学家，1989年、1995年、2001先后在宾夕法尼亚州立大学化学系任助理教授、副教授和教授，2009年加入加州大学洛杉矶分校化学与生物化学系、材料科学与工程系任杰出教授。现任*ACS Nano*主编。

切努帕蒂·贾格迪什(Chennupati Jagadish)，澳大利亚国立大学，教授

澳大利亚科学院院士，澳大利亚国立大学杰出教授，澳大利亚科学院副主席，澳大利亚科学院物理学秘书长，曾任IEEE光子学执行主席，澳大利亚材料研究学会主席。1980年获得印度Andhra大学学士学位，1986年获得印度Delhi大学博士学位。1990年加入澳大利亚国立大学，创立半导体光电及纳米科技研究课题组。主要从事纳米线、量子点及量子阱外延生长、光子晶体、超材料、纳米光电器件、激光、高效率纳米半导体太阳能电池、光解水等领域的研究。2015年获得IEEE先锋奖，2016年获得澳大利亚最高荣誉国民奖。在*Nature Photonics*, *Nature Communication*等国际重要学术刊物上发表论文580余篇，获美国发明专利5项，出版专著10本。目前，担任国际学术刊物*Progress in Quantum Electronics*, *Journal Semiconductor Technology and Science*主编，*Applied Physics Reviews*, *Journal of Physics D*及*Beilstein Journal of Nanotechnology*杂志副主编。

白雨虹，中国科学院长春光学精密机械与物理研究所，研究员

现任中国科学院长春光学精密机械与物理研究所Light学术出版中心主任，*Light: Science & Applications*执行主编，*Light: Science & Applications*获2021年中国出版政府奖期刊奖。联合国教科文组织“国际光日”组织委员会委员，美国盖茨基金会中美联合国际合作清洁项目中方主管，中国光学学会光电专业委员会常务委员，中国期刊协会常务理事，中国科技期刊编辑学会常务理事，中国科学院自然科学期刊研究会常务理事。荣获全国新闻出版行业领军人才称号，中国出版政府奖优秀出版人物奖；中国科学院“巾帼建功”先进个人称号。

Computer

IEEE COMPUTER SOCIETY http://computer.org // +1 714 821 8380
COMPUTER http://computer.org/computer // computer@computer.org

Digital Object Identifier 10.1109/MC.2021.3055707

目录

未来科技探索

多重无人机系统：超越其总和……1

移动应用的原生和跨平台框架的比较……12

用于欺诈检测的可解释机器学习……23

自动驾驶汽车软件中的伦理问题：困境……35

面向提高自动驾驶汽车软件的置信度：
交通标志识别系统的研究……45

云、雾或者边缘：在哪里计算？……57

行星互联网：互联网的新纪元……65

基于深度学习的图形结构差异的可视化分析方法……71

散点图中的视觉聚类因子……87

iCANX 人物

北极行者
——专访中国科学院空天信息创新研究院研究员付碧宏……99

追星星的人
——专访北京天文馆研究员朱进……103

未来科学家

陈蓉：立足生活点滴，用坚守与热情浇灌科研之花……108

岑浩璋：以勇敢的心探索未知，以感恩的心追求真谛……111

未来科技探索

多重无人机系统：超越其总和

文 | Bernhard Rinner, Christian Bettstetter, Hermann Hellwagner, Stephan Weiss　克拉根福大学
译 | 程浩然

现在，无人机已经从笨重的平台进化为灵活的设备，将多个无人机组合成一个集成的自主系统、提供单个无人机无法实现的功能的挑战也已经出现。这样的多机系统需要连接、通信和协同。我们将讨论这些构件及其案例研究和经验教训。

小型且人性化的无人机在许多领域实现了新的应用[1,2]。它们通过实时航拍视频协助救援人员，并在灾难或封锁时运输紧急货物。它们在精准农业和基础设施检查方面发挥着突出作用。

第一代无人机是远程控制无人驾驶飞行器（UAV），其传感和导航能力有限。当今的2G系统具有自动航点飞行、高分辨率传感器和无线连接功能。第三代无人机将在导航和决策方面提供更高水平的自主性。单个无人机孤立运行系统将向多个无人机作为综合网络系统集体运行的系统发展。当然，多架无人机执行某些任务比单架无人机更快或更好。除此之外，无人机可以协同和合作，以实现比其各部分之和更多的新功能。例如，在空中检查时，我们需要几架协同的无人机在空中从不同的视角同时感知一个区域，然后进行数据的交换和融合。

这样的多架无人机系统（MDS）是我们在克拉根福大学研究了10多年的课题。本文介绍将多架无人机转换为 MDS 所需的三个关键构建块：连接、通信和协同。连接模块提供无人机与地面无线互联的硬件和软件；通信模块处理连接之上的数据分布；协同模块管理需要执行的任务。考虑到有限的板载资源，我们讨论了这些模块的功能和设计挑战，报告关于构建块的三个案例研究，并对经验教训进行讨论。

从单一系统到 MDS

典型无人机上的基本数据处理遵循在多个级别执行的感知-处理-执行循环。低级飞行控制对来自传感器（如惯性测量单元、全球导航卫星系统 (GNSS)、气压计和摄像机）的数据进行采样和融合，并执行控制算法以100～1000Hz的速率设置转子的执行器。它可以稳定无人机的位置和姿态，并提供基本的控制模式，例如手动和航点飞行。高级飞行控制可以分配给中级处理。它利用额外的传感器（如更多的摄像头和距离传感器）来监测附近的环境并对障碍物做出反应。其需要额外的数据融合和目标检测，通常以2～30Hz的速率进行处理。来自摄像机和相关传感器的数据用于生成类似地图的环境表征，作为对如何完成整体任务的长期推理的输入。长期推理对于提高自主性至关重要，包括学习、规划和优化。高级推理的时序要求比低级控制更宽松。

图 1 描绘了 MDS 的架构，在每个无人机中具有扩展的感知-处理-执行循环。蓝色弧线表示从传感器到执行器的数据流，区块代表关键功能单元。中央区块包含机载高级处理，包括编码知识和可用推理。这些知识包括无人机的信息（如感知和运动能力、位置和姿态）、环境（如地图数据及其他无人机和物体的位置），以及任务（如路线和目标位置）。这些知识在任务开始之前提供，并在任务期间不断更新。图 1 中的橙色组件描述了将单个无人机转换为 MDS 的基本组件。通信模块在无人机之间分配数据并依赖于连接组件。协同模块负责在无人机之间共享知识并调整推理技术，使无人机共同采取行动完成任务。

MDS 是一个分布式的嵌入式系统，具有严格的实时性要求和动态变化的处理、传感和能源约束。因此，所有的功能都必须与可用的资源和任务的要求保持一致。在某些情况下，机载可用资源是不够的，因此有必要将计算连同相关数据一起卸载到地面站或网络边缘的其他信息结构上。图2显示了MDS中的分布式处理，计算可以在机上或机外进行。

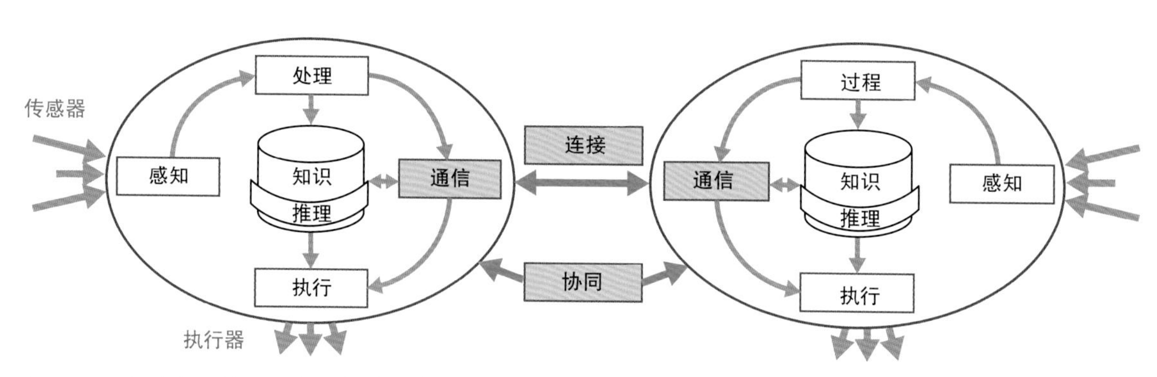

图1　MDS的结构：单个无人机的基本数据处理被连接、通信和协同等基本功能所扩展

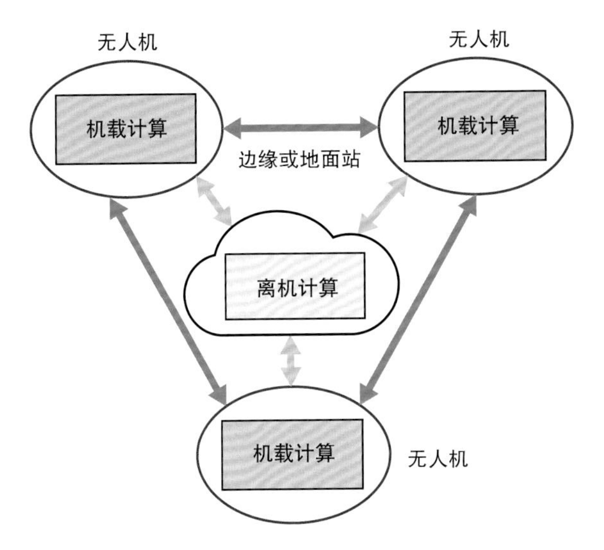

图2　MDS中的计算在本地进行（本地数据的机载处理），并与其他无人机协作（从其他无人机接收的数据的机载处理）。由于资源限制，计算可能被卸载到边缘计算基础设施或地面站

计算的卸载必须考虑额外的延迟。转移的决定基于机外计算的周转时间T进行计算，其可以估算为：

$$T=\frac{P}{S}+2\tau+\frac{D}{R} \tag{1}$$

其中，P代表机载处理时间；S代表无人机边缘计算的加速；τ代表通信延迟；D代表机外单元的传输数据量；R代表数据传输率。

协同

协同包括知识共享、联合决策，以及向处理节点分配计算任务。协同存在着不同的层次：从高层次的功能（如全系统任务和资源的分配）到低层次的控制（如防撞、飞行编队与状态估计的联合感知器使用）。在特定的MDS中，解决协同的方式在很大程度上取决于任务类型和不同约束的重要性。事实上，设计空间是巨大的：必须考虑到不同的约束条件，如能源、连接性、时间期限和物理有效载荷。此外，不同的实现方式（离线与在线、集中与分散、固定与自适应、显式与隐式数据交换）和优化方法也被使用[3]。

离线协同发生在任务开始之前，通常将任务设定为具有各种约束条件的优化问题，并利用先进的优化或近似技术来寻找（接近）最优解[4]。离线协同的计算量不那么关键，但它只能在任务开始之前利用有关任务的信息。例如，由系统动态或故障引起的意外变化必须在任务期间由在线技术进行补偿。

计算量对在线协同变得更加重要。在中心化的在线协同中，只有一个实体负责协调工作，因此需要关于任务进展的完整信息。在分散的在线协同中，任务处理在多个实体中发生，每个实体都有关于任务的部分信息。自组织代表了分布式在线协同的一个特殊情况，在这种情况下，多个无人机执行简单的规则会产生一个连贯的群体行为。

无线连接

MDS需要强大的、高速率的、低延迟的连接，以传输指令、图像和视频以及其他数据。在这方面，各种通信技术、协议和系统已被研究[5]。由于Wi-Fi并不总能满足无人机应用的要求，因此有必要将无人机整合到当前和未来的蜂窝网络中。在目前系统中的一个关键点是，空中设备是由基站天线的侧翼提供服务的。因此，它们的吞吐量通常比地面用户低，并与远处的基站建立视线范围内的无线电连接，而地面用户几乎看不到。这些非典型的连接导致了一些问题，因为它们导致了干扰[7]和频繁的挂断[8]。无论是上行还是下行，其性能都会受到影响，甚至影响到正常的地面用户，当部署了许多无人机时尤甚。将无人机接入商业4G网络的经验表明，在特定设置下，平均下行链路吞吐量从地面的65 Mbit/s下降到典型的飞行高度150米时的约20 Mbit/s左右[9]。

这些挑战已经被第三代合作伙伴计划标准（3rd Generation Partnership Project，3GPP）所接受，不同的工作组希望确保5G网络能够满足无人机应用的需求。一旦部署了无线连接解决方案，无人机就可以通过这一基础设施进行高速率和低延迟的通信，以将其用于其他目的，例如计算和数据融合。

通信

每架无人机中都存在一套通信组件，负责向地面和其他空中设备交换和分发传感数据、控制和协调信息。通信必须支持其他组件，尤其是本地处理和整体协调活动，以达到令人满意的系统性能[10]。需要通信的数据是多种多样的（如在尺寸、效用、优先级和发送者-接收者模式方面），并取决于具体的任务，但它们通常涉及图像、图像片段或描述符、地图、状态信息、任务目标和指令，以及参与联合决策和协调的交通。决策和通信过程必须在计算和能源方面的限制下实时进行。

在多机器人系统通信领域，通信通常被视为数据分布优化，即决定什么数据在何时、如何、与谁交换，以实现良好的整体系统性能，同时最大限度地减少资源利用。我们的工作涉及通信、协调和传感的密切相互依存关系[10]，并提出了一个效用模型来评估和优化通信策略[11]。其他方法来自优化、运输和博弈论等领域[12]。

边缘计算为从无人机上卸载处理任务提供了有趣的选择：

（1）卸载自然集中的任务，例如，从MDS设备提供的单个地图片段建立一个整体地图。

（2）卸载繁重的计算，例如，基于视觉的导航MDS任务中的图像特征检测和跟踪。

（3）卸载无人机的整个低水平控制周期以及它们的协同任务，例如，当资源非常有限的无人机只作为“飞行传感器”时。

在所有情况下，如式（1）所示，无线连接必须保证高数据率。更重要的是，在这三个例子中，对低延迟通信和边缘快速响应的要求有所增加，后者代表了一个真正的5G使用案例，即非常可靠的低延迟通信。

多重无人机案例研究

我们的三个案例研究在实现协同和连接的MDS功能方面有很大的不同，但在低层处理和应用场景方面有相似之处。

区域监控

配备摄像头的无人机监测一个感兴趣的区域，以协助灾难中的救援人员。无人机定期飞越该地区，捕捉图像，并将其发送到地面站，在那里生成和分析概览图像。在任务开始时，操作者在电子地图上指定感兴趣的区域和参数，如禁飞区、目标分辨率和优先区域。

该系统采用离线合作的方式，时间要求宽松。特别是，区域划分、图像采集的位置分配和路线规划被建模成一个混合整数线性规划问题，在地面站使用先进的启发式方法进行近似计算。在任务开始前，生成的飞行计划会上传到无人机上。在任务期间，无人机会自动遵循其计划，以要求的质量捕捉图像，并将其发送到地面。操作员可以在任务执行过程中跟踪概览图像的更新。

图像传输的连接性和延迟性对救援行动至关重要。为了减少延迟，特别是在低连通性的地区，我们在机上逐步对图像进行多种质量等级的编码，并按优先顺序向地面传输数据。每张图像被分割成不同的层，包含不同分辨率的部分，安排在五个优先队列中传输。新覆盖区域的低分辨率部分具有最高优先级，而高分辨率部分具有较低的优先权。每个优先级队列都是先进先出的队列，只有在所有较高优先级队列为空的情况下才会传输图像层。图3描述了优先数据传输的效果。即使无人机正在监测一个低连通性的区域[图3(a)中无人机路线的绿色痕迹]，高优先级数据的传输也几乎不会停止，低分辨率图像被获取后立即在地面站使用，除了图3(b)中无人机3在任务期间[70, 160]s的图像。然而，来自无人机2和无人机3的全分辨率图像的传递却明显延迟[图3(c)]。

灾难往往会蔓延至广泛的地区，单一的地面站无法覆盖。因此，通过连通来增强合作性，并规划飞行路线，使其通过中继无人机与地面站保持连接是有意义的[4]。由于这个路由问题是NP-Hard问题，我们应用合作规划启发式方法，有效地找到整体覆盖时间短的路线。

紧急模式

自然界中存在许多实体以自组织方式协调的现象。其中有同步（时间协调）和集群（空间协调）这两个重要的例子。这两个过程在很大程度上是相互独立的，直到一个数学模型被提出，来引入它们之间的相互作用[14]。例如，相邻的实体可能同步得更快，而紧密同步的实体可能在空间上相互吸引。在这个模型中定义的实体，称为“蜂群”（Swarmalator），出现在不同类型的时空模式中。

我们改编和扩展了蜂群模型，用于移动机器人技术[15]。除了视觉上的吸引力，这种模式的形成也有利于立体摄影、艺术无人机表演和其他应用。我们的博士生在Crazyflie四轴飞行器上实现了该模型，并在我们的无人机大厅展示了一个空中群（见图4）。从理论到实践的主要挑战是将时间连续、无延迟的耦合模型映射到时间离散、延迟鲁棒的协议中，以实现资源高效的交互。

通过这种方法，无人机可以形成2D和3D图案，如圆形或球形，无论是静态还是移动。这些图案的出现不需要对飞行路径进行明确的编程，而且是自适应的，这意味着无人机离开或加入到这个区域是由系统处理的。原则上，在线算法可以在机上或通过服务器集中运行。它涉及低容量数据（位置和时间状态）的交换，但需要鲁棒的连接。

自主导航

自主导航要求无人机可靠地定位自己，找到通往目标位置的有效路线，并沿着这些路线安全移动。理想情况下，所有这些功能在MDS中都是可用的，并且无需人工干预即可在未知环境中运行。现今的路线规划方法通常使用分类采样、网格或基于学习的方法[16]。导航主要依靠视觉和惯性传感器数据，并在可用的情况下由GNSS数据补充。边缘服务器不仅可以支持基于视觉的导航任务，还可以作为一个实体来支持无人机以确保无碰撞移动并创建连贯的整体地图。边缘服务器需要强大的通信能力以保证卸载任务的合理性。此外，低延迟、高速度的连接性对于传输大量数据到边缘是必要的。

我们分析了一个标准的基于视觉的导航算法（多

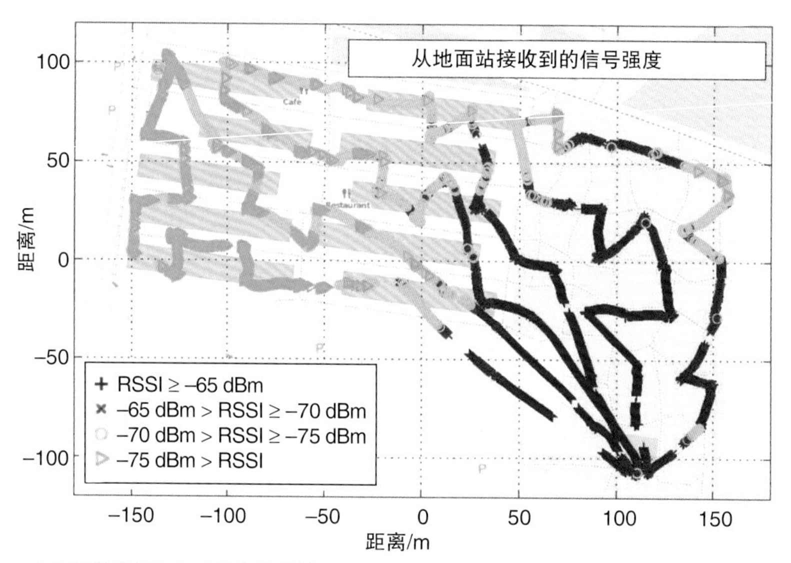

(a) 计算出的飞行路线和接收信号强度指标（RSSI）值

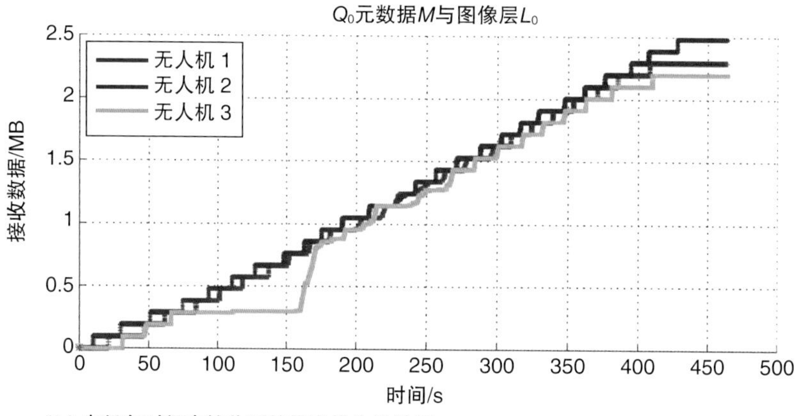

(b) 在任务时间内接收到的最高优先级数据

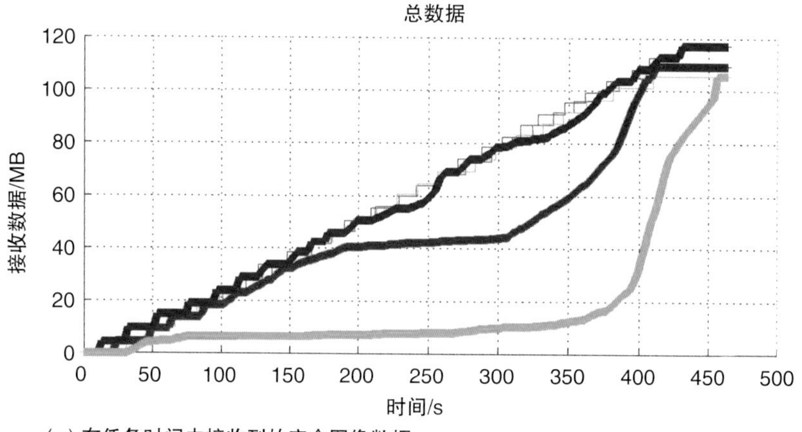

(c) 在任务时间内接收到的完全图像数据

图3　区域监测的优先数据传输（改编自Wischouning-Strucl和Rinner[13]，经Springer许可）

图4　无人机在克拉根福大学无人机大厅中作为蜂群飞行。在这个例子中，它们出现在“静态异步”模式中，这是一个具有均匀分布、按空间排序的时间状态（颜色）的静态圆盘（照片由D. Waschnig为克拉根福大学拍摄；经许可使用）

状态约束卡尔曼滤波），并研究了将低级别的定位任务卸载到边缘服务器的三种选择：完全的机载处理、完全卸载到边缘和部分卸载[18]。目前小型无人机的机载处理能力不足以实现准确和快速的基于视觉的无人机导航。只有低分辨率的图像可以被分析，导致不准确的状态估计和只有几赫兹的低状态更新率。正如5G系统中所设想的那样，完全卸载需要高上行数据率R、低延迟τ，以及强大的边缘处理能力S。只有在这些条件适用的情况下，高分辨率图像的完全传输和边缘处理才能提高无人机飞行的准确性和敏捷性。在一定的上行速率下，对于给定的边缘计算能力，部分卸载要比完全卸载好。在具有几百Mbit/s上行数据速率的完整5G性能可用之前，在我们的案例研究中，探索和利用部分卸载选项将是更可取的。

在MDS中分配低级别的导航和定位任务是提高资源效率的另一种选择。此外，与多架无人机的本地数据分析相比，协作分析所有可用的传感器数据可提高MDS的性能。我们研究了协作状态估计方法[17]，它使无人机能够在传感器信号严重失真甚至不可用的地区沿其路线无缝移动。所需的信息，如全球位置，随即会通过在GNSS覆盖良好的地区运行的其他无人机传输（图5）。这使得MDS能够探索非协作性无人机无法到达的区域。协作式状态估计是一项具有挑战性的程序和延迟要求的任务。它需要通信和协同之间复杂的相互作用，以决定哪些数据必须传输到GNSS覆盖薄弱的地区的无人机上。这种传输必须以概率上一致的方式进行，以保持整体一致和稳健的蜂群状态估计。模块化多传感器融合[19]可以用来解决这个问题。朴素的数据交换很难扩展，因为每次与另一架无人机相遇都需要对彼此的状态不确定性进行额外的记录。我们的方法[17]是随着系统中无人机数量的增加而线性扩展的，但却显示出一致的监测行为。

表1总结了与MDS基本构件有关的案例研究。

表1　案例研究总结

	区域监控	紧急模式	自主导航
协同	任务前集中离线规划；任务中独立飞行而不进行协同	无飞行计划；任务期间分布式或集中式在线协同	混合分布式/集中式（边缘）在线协同；卸载决策
连接	只向地面传输数据；不需要无人机之间的连接	无人机之间或与地面站的低速率连接	包括无人机和边缘的低延迟、高速率连接
通信	决定传输哪个（些）图像质量层以及何时传输	位置数据和时间状态的简单定期交换	卸载决策和数据传输；复杂的数据交换

多无人机应用

多无人机应用将具有数十亿美元的市场潜力[20]并产生显著的社会经济影响[1]。然而，要实现广泛应用，仍有许多挑战需要解决。它们包括一般问题，如安全性、自主性和鲁棒性，也包括许多特定于应用程序的方面。表2将应用领域与其关键性能指标(KPI)进行了比较，并指出了构建块连接、通信和协同方面的一些挑战。多项调查[2,3,5]对应用进行了深入讨论。

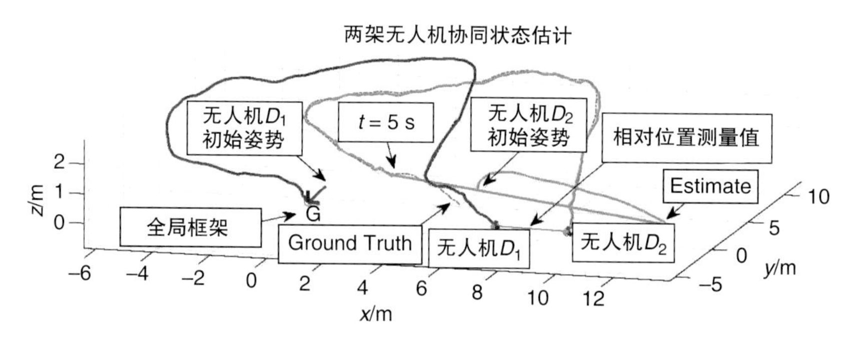

图5　估计轨迹（用红色和绿色表示）分别展示了无人机D_1和D_2的协作状态估计。D_1获得了绝对位置测量值，而D_2从t=5s开始只收到相对位置测量值（解释了开始时在相对测量值之前的巨大估计误差）（改编自Jung等人[17]）

表2 多无人机应用及其连接、通信和协同方面的挑战

应用	特点与KPI	连接与通信的挑战	协同的挑战
监测	无人机从中等规模区域捕获数据；预先规划的路线与在线适应；有限的时间 KPI：覆盖时间	3D无线连接；状态更新的优先数据传输	通信感知、动态路线规划；协作状态估计和导航；边缘计算支持
搜索与救援	异构无人机探索大面积的长时间任务；实时分析；用户交互 KPI：探测时间/速率；服务质量	可靠且低延迟的无线连接；广泛的无线电覆盖；大批量多媒体数据传输	去中心化的在线规划；自组织决策；动态资源管理
运输	无人机将货物从仓库运送到客户手中；高度的自主性；持续的操作 KPI：吞吐量；等待时间	强大的无线连接；安全数据通信	大规模系统优化；持续安全监测
网络	无人机提供临时无线电接入；预先计划的覆盖范围 KPI：网络连接；带宽	与现有网络的继承；无线电资源管理；交接；多层和跨层网络设计	需求驱动的中继布局（动态网络规划）；资源管理（带宽、能量、发射功率等）
娱乐	无人机创建动态编队；预先规划的路线；严格的时间和位置限制 KPI：编队规模和速度	可扩展的网络拓扑；位置感知通信	动态联盟形成；协同定位

经验教训

我们从一般的MDS实验研究，特别是案例研究的经验中得出以下教训。

MDS的构建块很大程度上依赖于应用程序

今天，无人机的底层控制依赖于成熟的算法和现成的商业组件。然而，开发一个MDS需要对高层功能模块进行特定的应用设计，因为任务规格不同，无人机能力也不同。必须单独选择合适的推理、协同和通信算法，这需要逐一评估是否能满足相关的资源要求。

协同传感是资源密集型无人机的一个替代方案

飞行器的有效载荷需要仔细选择。任何增加的重量都会降低无人机的耐力和敏捷性。根据任务的不同，MDS中的轻型无人机可能更有效，并增加了耐力和可达性。这种无人机通过协作状态估计从更重的无人机那里获得信息，这些无人机的传感器能力更强，飞行行为更节能。

边缘计算驱动先进的无人机控制，但需要高上行速率

自主系统可以很容易地从边缘计算中受益，如基于视觉的无人机导航。在这种情况下，高速上行链路至关重要，它可以将高分辨率图像快速传输到边缘服务器并在边缘服务器上进行处理，最终实现准确灵活的飞行。低网络延迟、强大的边缘处理性能和可靠性也很重要。5G网络有望在未来几年为敏捷的自动飞行提供条件。

对MDS的实验研究是复杂的，但值得努力

对多架无人机进行研究很费力，但从长远来看是有回报的。理想情况下，它由机器人、控制工程、通信和网络、计算机视觉、信号处理和软件工程的研究人员组成的跨学科团队进行。多架无人机的飞行操作必须满足广泛的监管和安全要求。对实际环境中的现

实世界问题的研究提供了重要的见解，而这些见解无法通过纯粹的数学和模拟工作获得。通过这种方式，相关的课题被反馈到基础研究中。

无线连接、通信和协同是将单个无人机转变为MDS的基石。它的特点是，无人机作为一个集成系统进行协作，团队行为比个人行动更重要。这种协作提供了单个无人机不可能实现的功能。然而，这种功能并不是没有代价的：必须仔细设计构件，考虑到它们之间的相互作用和无人机的资源限制。

致谢

这项工作得到了欧洲区域发展基金（European Regional Development Fund）和卡林西亚经济促进基金（Carinthian Economic Promotion Fund）的部分资助，用于湖滨实验室（Lakeside Labs）的协作式微型无人机项目（赠款20214/17095/24772）和无人机的自组织智能网络（赠款20214/24272/36084）。感谢欧洲委员会Erasmus Mundus互动和认知环境联合博士项目（赠款FPA 2010-0012）的教育、视听和文化执行机构，克拉根福大学的“网络自主飞行器”博士学院，以及奥地利科学基金（赠款P30012）。感谢Agata Barciś, Michal Barciś, Samira Hayat, Roland Jung, Petra Mazdin, Jürgen Scherer和Daniel Wischounig-Strucl对案例研究的贡献。部分自主导航案例研究是与德国电信和Magenta Telekom合作完成的。

参考文献

[1] D. Floreano and R. J. Wood, “Science, technology and the future of small autonomous drones,” *Nature*, vol. 521, no. 7553, pp. 460–466, 2015. doi: 10.1038/nature14542.

[2] R. Shakeri et al., “Design challenges of multi-UAV systems in cyber-physical applications: A comprehensive survey and future directions,” *IEEE Commun. SurveysTuts.*, vol. 21, no. 4, pp. 3340–3385, 2019. doi: 10.1109/COMST.2019.2924143.

[3] Y. Rizk, M. Awad, and E. W. Tunstel, “Cooperative heterogeneous multi-robot systems: A survey,” *ACM Comput. Surv.*, vol. 52, no. 2, pp. 1–31, 2019. doi: 10.1145/3303848.

[4] J. Scherer and B. Rinner, “Multi-robot persistent surveillance with connectivity constraints,” *IEEE Access*, vol. 8, pp. 15,093–15,109, 2020. doi: 10.1109/ ACCESS.2020.2967650.

[5] S. Hayat, E. Yanmaz, and R. Muzaffar, “Survey on unmanned aerial vehicle networks for civil applications: A communications viewpoint,” *IEEE Commun. Surveys Tuts.*, vol. 18, no. 4, pp. 2624–2661, 2016. doi: 10.1109/ COMST.2016.2560343.

[6] Y. Zeng, Q. Wu, and R. Zhang, “Accessing from the sky: A tutorial on UAV communications for 5G and beyond,” *Proc. IEEE*, vol. 107, no. 12, pp. 2327–2375, 2019. doi: 10.1109/ JPROC.2019.2952892.

[7] B. V. der Bergh, A. Chiumento, and S. Pollin, “LTE in the sky: Trading off propagation benefits with interference costs for aerial nodes,” *IEEE Commun. Mag.*, vol. 54, no.5, pp. 44–50, 2016. doi: 10.1109/ MCOM.2016.7470934.

[8] A. Fakhreddine, C. Bettstetter, S. Hayat, R. Muzaffar, and D. Emini, “Handover challenges for cellu-lar-connected drones,” in *Proc. ACM Workshop on Micro Aerial Veh. Netw., Syst. Appl. (DroNet)*, Seoul, Korea, June 2019, pp. 9–14.

[9] S. Hayat, C. Bettstetter, A. Fakhreddine, R. Muzaffar, and D. Emini, “An experimental evaluation of LTE-A throughput for drones,” in *Proc. ACM Workshop on Micro Aerial Veh. Netw., Syst. Appl. (DroNet)*, Seoul, Korea, June 2019, pp. 3–8.

[10] E. Yanmaz, S. Yahyanejad, B. Rinner, H. Hellwagner, and C. Bettstetter, “Drone networks: Communications, coordination, and sensing,” *Ad Hoc Netw.*, vol. 68, pp. 1–15, Jan. 2018. doi: 10.1016/j.adhoc.2017.09.001.

[11] M. Barciś, A. Barciś, and H. Hellwagner, “Information distribution in multi-robot systems: Utility-based evaluation model,” *Sensors*, vol. 20, no. 3, pp. 1–28, 2020. doi: 10.3390/ s20030710.

[12] M. Mozaffari, W. Saad, M. Bennis, Y.-H. Nam, and M. Debbah, “A tutorial on UAVs for wireless networks:

关于作者

Bernhard Rinner 克拉根福大学普适计算教授。研究兴趣包括普适计算、传感器网络和多相机网络、嵌入式计算和多机器人系统。在奥地利格拉茨技术大学获得计算机工程博士学位。IEEE高级会员。联系方式：bernhard.rinner@aau.at

Christian Bettstetter 克拉根福大学移动系统教授，同时也是克拉根福市湖滨实验室的科学主任。研究兴趣包括网络系统中的无线连接和自组织，并应用于移动电信和多机器人系统。在慕尼黑工业大学获得电子和信息工程博士学位。IEEE高级会员。联系方式：christian.bettstetter@aau.at

Hermann Hellwagner 克拉根福大学多媒体通信专业教授。研究兴趣包括分布式多媒体系统、自适应视频流、多媒体服务/体验质量，以及无人机系统中的通信。在奥地利林茨大学获得计算机科学博士学位。IEEE高级会员。联系方式：hermann.hellwagner@aau.at

Stephan Weiss 克拉根福大学网络系统控制教授。研究兴趣包括 3D 空间中移动系统的自主导航和控制。在苏黎世联邦理工学院获得电气工程和信息技术博士学位。联系方式：stephan.weiss@aau.at

Applications, challenges, and open problems," *IEEE Commun. Surveys Tuts.*, vol. 21, no. 3, pp. 2334–2360, 2019. doi: 10.1109/COMST.2019.2902862.

[13] D. Wischounig-Strucl and B. Rinner, "Resource aware and incremental mosaics of wide areas from smallscale UAVs," *Mach. Vis. Appl.*, vol. 26, nos. 7–8, pp. 885–904, 2015. doi: 10.1007/s00138-015-0699-5.

[14] K. P. O'Keeffe, H. Hong, and S. H. Strogatz, "Oscillators that sync and swarm," *Nature Commun.*, vol. 8, no. 1, pp. 1–13, 2017. doi: 10.1038/ s41467-017-01190-3.

[15] A. Barciś and C. Bettstetter, "Sandsbots: Robots that sync and swarm," *IEEE Access*, vol. 8, pp. 218,752–218,764, 2020. doi: 10.1109/ ACCESS.2020.3041393.

[16] T. I. Zohdi, "The game of drones: Rapid agent-based machine-learning models for multi-UAV path planning," *Comput. Mech.*, vol. 65, no.1, pp. 217–228, 2020. doi: 10.1007/s00466-019-01761-9.

[17] R. Jung, C. Brommer, and S. Weiss, "Decentralized collaborative state estimation for aided inertial navigation," in *Proc. IEEE Int. Conf. Robot. Automat.*, 2020, pp. 4673–4679.

[18] S. Hayat, R. Jung, H. Hellwag- ner, C. Bettstetter, D. Emini, and D. Schnieders, "Edge computing in 5G for drone navigation: What to offload?," *IEEE Robot. Autom. Lett.*, vol. 6, no. 2, pp. 2571–2578, Apr. 2021. doi: 10.1109/ LRA.2021.3062319.

[19] C. Brommer, R. Jung, J. Steinbrener, and S. Weiss, "MaRS: A modular and robust sensor-fusion framework," *IEEE Robot. Automat. Lett. (RA-L)*, vol. 6, no. 2, pp. 359–366, Dec. 2020.

[20] H. Shakhatreh et al., "Unmanned aerial vehicles (UAVs): A survey on civil applications and key research challenges," *IEEE Access*, vol. 7, pp. 48,572–48,634, 2019. doi: 10.1109/ ACCESS.2019.2909530.

（本文内容来自 *Computer, May 2021*）

Computer

移动应用的原生和跨平台框架的比较

文 | Piotr Nawrocki, Krzysztof Wrona, Mateusz Marczak, Bartlomiej Sniezynski
克拉科夫 AGH 科技大学
译 | 程浩然

用于开发移动设备应用程序的方法已经成为一个重要的研究领域。在这篇文章中，我们分析了两种最流行的方法，即原生和跨平台，并比较了使用各种工具开发的相同的应用程序。

近年来，移动电话、智能手机和平板电脑等移动设备的普及率不断提高。随着其重要性的增加，可用于此类设备的应用程序的数量也在增加。在2019年第一季度，Google Play提供了超过200万个应用程序，同时苹果应用商店大约有180万个[1]。这表明移动应用市场非常庞大，而且每年都在增长。因此，开发此类应用程序的方法正成为一个重要的分析领域。目前，有两种创建移动应用的方法：原生和跨平台。同时，跨平台环境正在成为原生（Android和iOS）解决方案日益强大的竞争对手。这是因为它能够快速创建软件，并同时为多个移动操作系统开发应用程序。最重要的是，它可以降低移动应用程序的实现成本。除了这两种主要方法外，还有第三种方法，即利用Web编程，包括HTML5和补充机制，如Web Socket和Application Cache。然而，尽管有渐进式网络应用程序（PWA）等解决方案的发展，但它是开发移动应用程序最不常见的方法。

在这种情况下，有一个问题值得去思考：使用跨平台环境创建的移动应用程序在性能和开发难度上是否可以与原生的解决方案相比。我们相信，这个重要问题的答案可以促进移动应用开发的审慎规划，并允许这些应用的创建者选择合适的技术解决方案。

对这方面技术现状的分析表明，在移动应用程序领域，没有全面的研究来比较原生和跨平台的解决方案。Ohrt和Turau[2]的研究是为数不多的试图全面处理这个问题的研究之一（其他提出这方面研究的研究将在本文中进一步讨论）。然而，该研究的作者是在2012年进行的研究，鉴于移动设备和安装在上面的软件的发展速度，他们的结果已经过时。最重要的是，他们研究中所分析的大多数跨平台环境已经不再普遍使用（如RhoStudio和MoSync）。一些解决方案，如Adobe PhoneGap，虽仍在使用，但在开发者中已不那么受欢迎。

在该研究分析的一系列移动设备操作系统（包括Symbian、Bada和MeeGo）之中，目前只剩两个有重要的影响力[3]：iOS和Android。该研究的作者所做的实验比较了各种解决方案，没有考虑到原生的iOS系统，仅对Android系统和跨平台解决方案进行了比较。我们认为，该研究的其他重要缺陷是没有比较各种移动设备的CPU使用水平，以及所测试的应用程序没有按其复杂性进行分类。较简单的移动应用程序的实验结果可能与那些具有复杂的GUI和每项任务的应用程序的结果不同，而后者给移动设备带来了很大的负担。

因此，为了分析原生和跨平台解决方案，我们决定比较使用这两种方法开发的两种应用程序——简单应用程序和复杂应用程序。在所进行的实验中，我们比较了CPU和随机存储器（RAM）的使用，以及每种方法的应用大小和启动时间。我们还试图比较每种跨平台环境下的应用程序的实施难度。

除了比较原生和跨平台的方法外，我们还比较了两个原生解决方案（Android和iOS）。选择要比较的解决方案是一个重要的问题。就原生解决方案而言，在我们的研究中，我们决定使用iOS和Android系统，这两个系统在移动设备操作系统市场中占了99.9%以上的份额[3]。对于跨平台解决方案，我们选择了三种最流行的解决方案[4]：Xamarin、Flutter和React Native，分别由微软、谷歌和Facebook开发。当然，除了我们选择的环境外，还有其他目前正在使用的环境，如Adobe PhoneGap、Ionic和Mobile Angular UI。然而，这些并不像我们选择的解决方案那样流行和常用。

移动应用开发

原生应用程序（适用于Android和iOS）的开发在科技文章中得到了广泛讨论。在关于跨平台解决方案的文章中也经常描述原生解决方案以进行比较。然而，关于跨平台解决方案的描述较少，其中大多数描述主要集中在所支持的平台形式、使用单个跨平台框架的开发速度、所支持的原生应用编程接口（API），以及所产生的用户界面（UI）看起来与原生应用有多相近。因此，在这一点上，我们决定把重点放在跨平台解决方案的描述以及与原生解决方案的比较上，这些我们之前没有详细描述过。

跨平台应用程序

在我们的研究中，我们选择的第一个也是最古老的（2011年）跨平台环境是Xamarin。2016年，微软收购了Xamarin，从那时起该框架的完整版本就可以免费使用了。使用Xamarin开发应用程序的方式有两种：Xamarin.Forms和Xamarin Native。Mukesh等人[5]对Xamarin框架进行了简要分析。他们的工作讨论了代码共享的好处，在Xamarin.Forms的情况下，代码共享可以达到100%。在他们的文章中，对可用的API与基于Web的框架（如Adobe PhoneGap和Apache Cordova）进行了比较。Xamarin

框架的Xamarin.Forms变体使用了模型-视图-视图模型（Model-View-ViewModel）架构，这使得视图和业务逻辑之间的关注点分离更加容易。另一篇涉及Xamarin主题的文章由Sasi-daran撰写[6]，但它只包含了一个一般性的比较，并没有涉及很多细节，仅简要描述了该框架架构，没有对其性能进行评估，也没有分析Xamarin的开发难度。

第二个框架（React Native）由Facebook开发并于2015年发布。它基于用于网络开发的React框架，但它能在移动应用中使用原生UI元素，这点与网页或Apache Cordova等框架不同。大部分应用程序是用JavaScript编写的，也可以选择用TypeScript。原生UI元素和服务，如蓝牙、摄像头和传感器，都是使用原生代码运行的。自从React Native发布以来，只有几篇关于该框架可行性的研究文章被发表。最近的一篇文章[7]将React Native与谷歌的Flutter进行了比较。这项研究的重点侧重于应用程序的架构，但也涉及框架的性能。每秒帧数（FPS）和磁盘输入/输出（I/O）操作被用作比较两种方法的指标。

React Native在其他一些工作中也有所涉及，包括Bäcklund和Hedén[8]，他们详细描述了产品质量模型。其中，对React Native与PWA进行了比较，作者将文章的主要部分用于软件质量评估。所进行的比较的主要方面包括兼容性、可用性、性能、可靠性和安全性。另一篇值得注意的文章是Majchrzak等人写的[9]，他们决定更加强调开发者的便利性。作者确定了最重要的特征：易于开发、可用的集成驱动电子设备（IDE）、代码的可重用性，以及对特定功能的访问。上述文章都对React Native与Ionic Framework和Fuse进行了比较。

Flutter是第三个框架，于2019年发布，其支持开发Android和iOS的移动应用程序。这个跨平台的解决方案是用C/C++、Dart实现的，并使用谷歌的Skia图形引擎。与Xamarin和React Native不同，Flutter不使用原生UI元素，而是使用Skia图形引擎绘制。Flutter允许使用“有状态的热重载”，在不重建整个应用程序的情况下实时显示变化。Kho'i和Jahid[10]将Flutter框架与React Native进行了比较，他们的主要议题是应用结构和状态管理的比较。总而言之，其结果是相当主观的。其中有一个框架之间的I/O性能和FPS的简要比较，但不是特别彻底，而且没有测试多种场景。因为Flutter比其他框架发布得晚，要找到关于Flutter框架的文章要难得多。

跨平台和原生框架的比较

Danielsson[13]对React Native和原生Android进行了比较，他主要关注的是框架性能。作者使用了诸如图形处理单元频率、CPU负载、内存使用和功耗等指标。测量结果非常准确，并以图表的形式加以说明。几乎所有的测量结果都表明，使用原生Android应用比React Native应用更有优势，但两者之间的差距不是很明显。

Wu[7]专注于深入分析Flutter和React Native，对磁盘I/O操作和FPS进行了测量和比较，结果表明这两个跨平台框架之间有很大的差异。一方面，React Native处理I/O操作的速度更快，但另一方面，Flutter提供了更好的开发者体验。作者指出，他并没有将跨平台解决方案与原生技术进行比较。

在iOS的案例中，要找到比较原生和跨平台方法的文章要困难得多。这显然是因为该系统没有Android系统那么流行，因此，能够用来开发应用程序和衡量其性能的工具较少。

为数不多的关于原生iOS应用程序的文章由Singh完成[14]，他描述了Apache Cordova移动应用程序和传统解决方案。这篇文章包含了关于两种方法的优势和劣势的大量信息，但没有确切的统计数据来证实比较的正确性。

总而言之，我们注意到许多比较移动应用框架的调查都涉及Android系统和旧的、不太流行的跨平台解决方案。在许多工作中[11, 13]，描述了原生Android应用和跨平台解决方案之间的性能比较结果。内存使用量也是Ahti等人[12]和Danielsson[13]经常使用的指标。一个非常重要（有时是最重要）的特征是对原生API的访问。当用Java或Kotlin等语言开发应用程序时，可以完全访问原生库。多平台解决方案的情况则不同，这种访问是有限的。关于访问原生API的描述可以在Sasidaran[6]和Kho'i和Jahid[10]的作品中找到。

如上所述，很少有研究对目前流行的跨平台解决方案进行比较，如Xamarin、React Native和Flutter。此外，与原生iOS系统的比较以及考虑到CPU负载的测试也非常罕见，这就是我们决定对最新和最流行的解决方案进行研究的原因。

研究方法

为了比较各种解决方案，我们使用每种技术开发了两个应用程序。第一个是一个简单的应用程序，旨在测试初始构建大小、应用程序的启动时间以及RAM占用。第二个是一个更复杂的应用程序，包含几个简单的页面和控制，用于测试渲染速度。

应用程序的细节

每个平台的简单应用程序只包含显示在主应用页面中间的“Hello World”标签。在这个应用中，没有与任何技术有关的偏差，因为在所有可用操作系统的每个框架中，都有一个标签可用。

高级应用程序的主页面包含一个引用其他页面的按钮列表。选择这种类型的菜单是因为它在所有的技术中都是可用的。第一页（表格控制）包括四种类型的部件：标签、编辑文本、下拉菜单和复选框。值得注意的是，小组件在不同的技术中可以以不同的形式出现，例如，原生的iOS没有下拉菜单和复选框。对于这个平台，对应的是选取器（Picker）和开关（Switch）。多个表单控件页面包含与表单控制页面相同的部件，只是数量更多。

小列表和大列表页面看起来是相同的，但包含不同数量的列表元素。这些页面都有四个版本：一个没有后台任务，三个有不同的后台任务，分别在不同的线程中运行，即CPU、I/O和HTTP任务。CPU任务计算正弦和余弦波，使得CPU负载更容易被观察。I/O任务涉及重复写入和读出一个位于文档目录中的短文。这项工作同时加载了CPU并增加了RAM的使用。HTTP任务向谷歌搜索引擎发送HTTP获取请求。为了不产生不必要的CPU负载，搜索结果会被忽略。

性能表现

为了测量启动时间，两个应用程序均为手动启动，并测量其完全呈现可用用户界面所需的时间。然后，取10次测量的平均值为最终结果。

应用程序的大小是通过检查每个平台的默认发布版本的大小来测量的。对于Android系统，测量的是Android软件包（APK）文件的大小，而对于iOS系统，测量的是.app文件的大小。

对于Android应用程序，所有的性能指标均使用Android Studio Profiler测量，而在iOS上，所有的指标均使用XCode Instruments测量。为了从Android Studio Profiler导出数据，我们开发了一个简单的工具，可以从图表中读取数据，并将其保存为逗号分隔的格式。在XCode Instruments中，不可能只为一个进程（应用程序）生成CPU负载和RAM使用的图表，所以数据是从XCode Instruments应用程序的细节窗格手动记录的。

在Android系统上，启动简单的应用程序，用Android Studio Profiler捕捉RAM使用的时间序列。对于高级应用程序，打开被测试的页面，然后捕捉使用时间序列。在iOS上，RAM的使用是以同样的方式测量的，只是XCode Instruments被用来捕获时间序列。从时间序列中，计算出两个主要结果：RAM使用量的峰值和视图完全初始化且RAM使用量稳定后的值。

CPU负载测试与RAM使用测试类似，最大的区别是在视图被初始化后，CPU负载往往不会完全稳定，因此，取20秒内的平均CPU负载作为最终结果。

开发的便利性

这项比较还包括一些与使用每个框架的开发难度有关的指标。就其性质而言，这些指标更容易受到主观因素的影响。由于其性质，这些指标更容易产生主观性（如很难衡量哪个IDE更好）。在比较开发经验时，我们使用了两个信息来源：以基准为目的编写应用程序的经验和Stack Overflow开发者调查。尽管前者的来源就其本质而言是主观的，但调查确实提供了一些坚实的数据。

为了分析编写应用程序的经验，我们考虑了几个方面，包括可用的IDE和工具的质量、反馈周期的长度和编译时间、可用的库的质量和它们的文档，以及基础框架中某些功能的可用性。

比较测试

测试是在真实的Android设备（LG G6）和iOS设备（iPhone 8）上进行的。旗舰设备没有被用于测试，因此比较可以更加真实，因为只有一小部分人能够买得起最新的设备。

性能表现

应用程序大小是衡量的第一个指标。对于Android，APK文件的大小被检查，对于iOS则检查.app文件大小。简单和高级应用的文件大小均进行了检查。这突出了框架本身的初始大小以及复杂应用中的文件大小的增加。

如图1(a)所示，使用单个解决方案开发的应用程序的大小差异因目标操作系统而有很大不同。两个系统的原生应用程序的大小是相当的。使用Flutter和Xamarin编写的应用程序在iOS上明显较大。React Native的结果非常令人惊讶：一个简单的Android应用程序比iOS的稍大，但在高级应用程序的情况下，大小差异明显增加。高级的React Native应用在Android上比iOS大五倍以上。对APK文件的分析表明，库是造成尺寸增加的重要原因。我们比较了默认发布版本的大小，在这种情况下，构建大小的优化可能会导致非常显著的大小减少。

启动时间是一个重要的指标，显示了框架开始工作所需时间。应用程序的启动结果在Android和iOS上略有不同，只有Xamarin的差异很大。图1(b)显示，与Android系统相比，iOS应用程序的启动时间明显更短。由于最新系统版本的改进，iOS在应用程序的启动方面做得更好，而原生应用程序比跨平台应用程序更快。对于这两个操作系统，Xamarin的启动时间是最差的，但只有在Android上，与其他解决方案的差

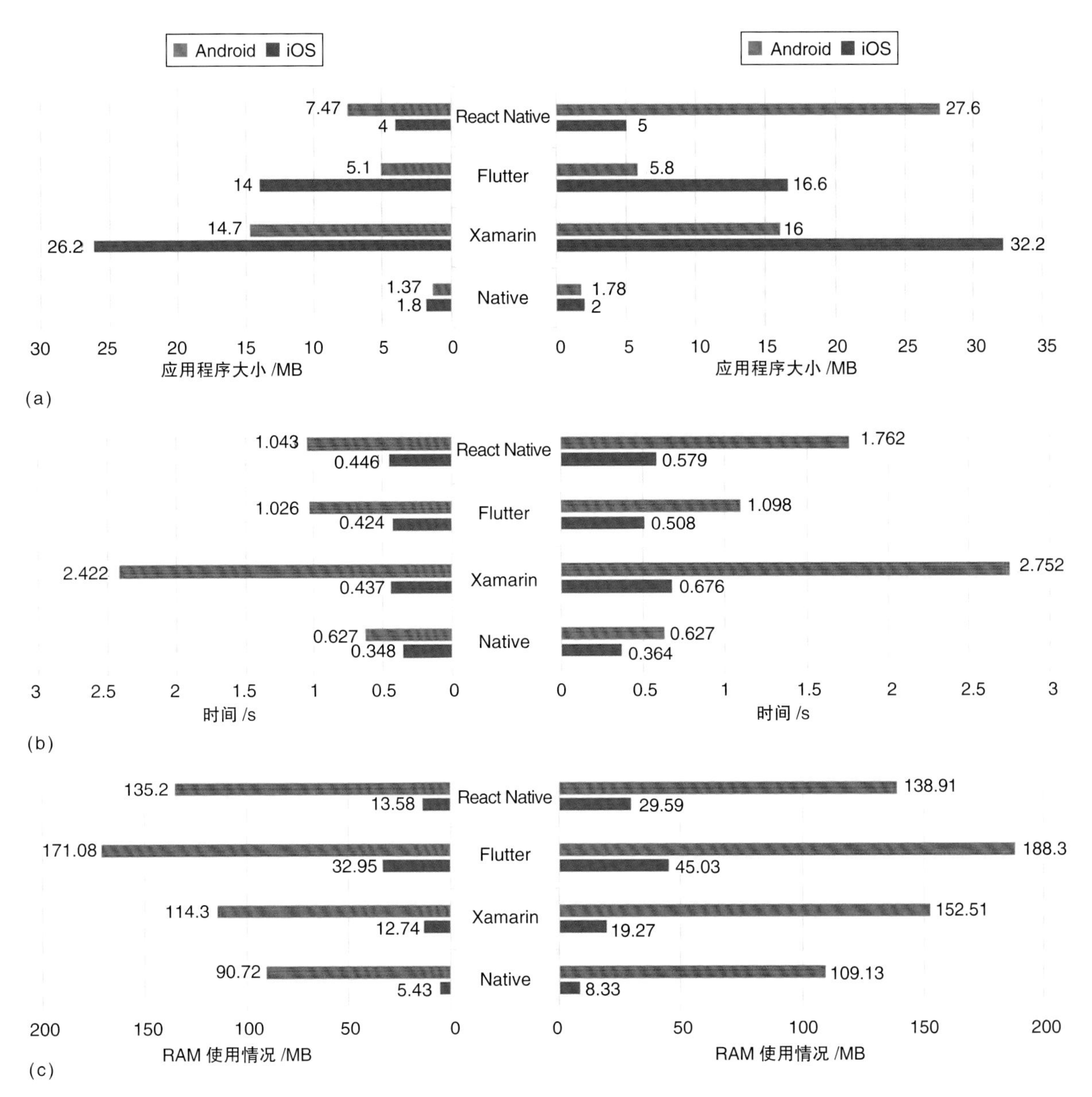

图1　涉及（a）应用程序的大小，（b）启动时间以及（c）简单（左）和高级（右）应用程序在Android和iOS系统上的RAM使用情况的实验

异才变得巨大。

图1(c)显示了Android和iOS应用程序在进入表单控制页面后的RAM使用情况。很明显，iOS对内存的管理比Android好，因为iOS应用程序消耗的内存比Android的要少很多。Android上的原生应用程序比iOS的原生应用程序多消耗了100.8MB（1210%）的内存。对于Xamarin和React Native，差异也很大：分别为133.24和109.32 MB。最大的差异可以在Flutter上看到，它比iOS多消耗143.27 MB。

在大多数CPU使用实验中，在一个没有后台任务的页面被打开后，CPU负载会在1.5~2s后显著下降。大多数框架在页面的初始渲染后完全停止使用CPU；React Native是唯一继续使用CPU的框架，尽管它只有1%~2%，偶尔会达到5%的CPU使用率。

图2(a)显示了后台有CPU任务的控制页面的CPU使用率。令人惊讶的是，在Android系统（左）上，Flutter比原生框架实现更快地完成了任务。另一个令人惊讶的结果是Xamarin和React Native的速度都很慢。尽管Flutter和原生（Android）实现都分别在不到4s和8s内完成了任务，但Xamarin和React Native都

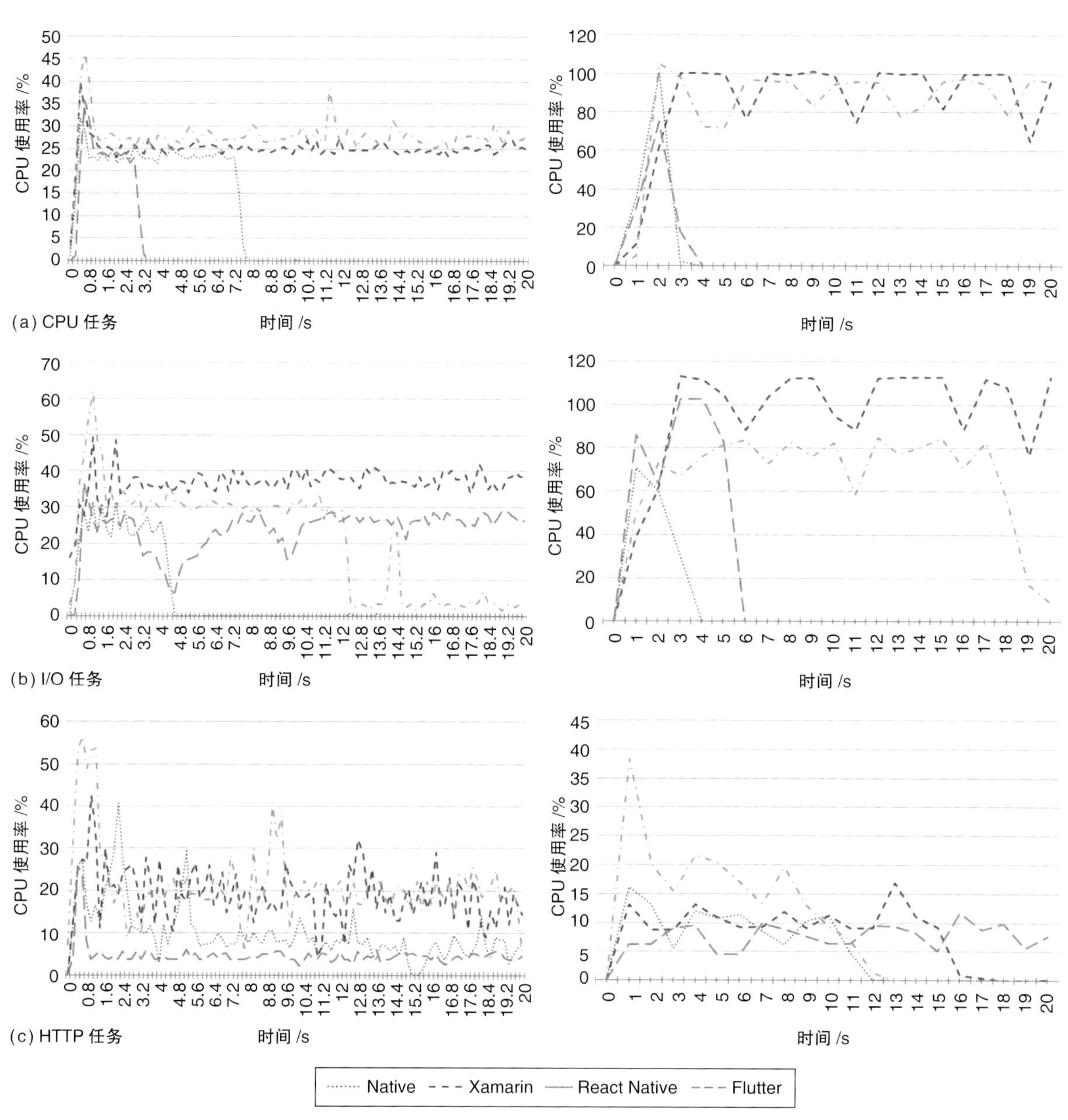

图2 Android（左）和iOS（右）系统的CPU负载实验，后台任务在不同的线程中运行

没有在20s的时间范围内完成任务。对于iOS（右），可以看到原生（iOS）和Flutter应用程序都在大约4s内完成了任务，而对于Xamarin和React Native，任务没有在20s的时间框架内完成。对于每一种技术，在进入页面后，CPU负载都会急剧增加。值得一提的是，Flutter的最大值（75%）低于原生应用程序（100.4%）。对于React Native应用，CPU负载在72.3%和97.4%之间波动。Xamarin的图表看起来很相似：高于100%的值意味着有一个以上的核心被利用。但是，Apple XCode Instruments不允许检查单个核心的负载情况。

图2(b)显示了后台有I/O任务的控件页面上的CPU使用率。正如预期的那样，在Android系统（左）上，原生实现是最快的，不到5s就完成了。React Native是唯一一个在捕获的20s时间内完成任务的框架——事实上，不到15s。另一个有趣的观察是Xamarin的CPU使用率明显高于其他框架，在整个后台任务中保持在大约40%。对于iOS（右图），原生应用程序表现最好，在4s内完成了I/O任务。Flutter的表现稍差，在不到6s内完成了任务。React Native的CPU负载并没有降到0%，最终记录到了9.1%。应该注意的是，即使Xamarin没有完成任务，但它也几乎在所有时间内都产生了最高的CPU负载。

图2(c)显示了控制页面上的网络后台任务（HTTP）的CPU使用率图表。在Android系统（左）上，Flutter保持了最低的CPU使用率，大约使用了5%的CPU。原生的Android实现也取得了类似的结果，大约使用了8%的CPU。React Native和Xamarin的CPU使用率明显较高，平均为20%，Xamarin偶尔会飙升至30%，而React Native则为40%。乍一看，在iOS（右），可以看到React Native应用的CPU负载大幅增加。尽管初始资源消耗很大（38.3%），React Native在12s后完成了任务，与原生应用程序相似。Flutter未能完成任务，尽管它的最大CPU负载为11.7%。Xamarin在大约16s内完成了后台任务。两个操作系统的其他页面的所有后台任务的结果都非常相似。

开发的便利性

在开发基准应用程序的过程中会遇到多种问题。由于开发的难易程度是一个非常主观的问题，这些问题对所有开发者的影响程度可能不一样。基于开发者之前的经验，有些问题可以避免，有些问题可能由于他们的经验不足而遇到。尽管如此，本节将描述开发过程中遇到的问题。

造成最多问题的框架是React Native，这是由围绕其框架创建的生态系统造成的。对于许多库来说，即使处理非常基本的功能质量也很低，因为它们是由社区开发人员维护和记录的。一个看似简单的任务，即创建一个新的线程，即使在尝试了两个库之后也没有成功实现：React-Native Workers 和 React-Native Threads。这两个库都是由社区维护的，在iOS版本构建中不能正常工作。

开发框架的另一个重要特点是使用可用工具的容易程度。在这个方面，在所有的跨平台框架中，Flutter似乎有最优质的工具质量。对于最初的环境设置、编译、部署和剖析，Flutter提供了易于使用而且运行良好的工具。其他框架的情况就不一样了。用于发布构建的React Native编译可能需要很长的时间，而且完成的时间是相当不稳定的。有时发布构建在2min内完成，而在某些情况下则需要10min。这种不确定性在任何其他框架中都没有被发现。

反馈周期的长度是移动应用开发的一个非常重

要的方面。特别是在设计用户界面时，长的反馈循环会大大增加开发时间并降低开发人员的满意度。在所有被比较的框架中，Xamarin拥有迄今为止最长的反馈循环（因为没有一个热重载工具）。存在一些第三方的解决方案，但是它们并不免费。React Native和Flutter都提供免费的热重载工具。在基准应用程序的开发过程中，Flutter 的热重载解决方案被证明稍微快了一点，也更稳定，因为 React Native 有时不会刷新更改或两次刷新更改代码。

虽然很难衡量开发体验的质量，但调查可以提供一些硬数据。根据2019年Stack Overflow开发者调查的数据[15]，Flutter是迄今为止最受欢迎的跨平台框架，75.4%正在使用Flutter的开发者表示有兴趣继续使用它。对于React Native，62.5%的受访者给出了相同的答案，而对于Xamarin，这一数字仅为48.3%。该调查还包括一个问题，即是否有兴趣尝试某一特定技术进行开发。对于这个问题，React Native排名第一，有13.1%的开发者想学习它，Flutter排名第二，有6.7%的开发者想学习它，Xamarin排名第三，只有4.9%的开发者想学习它。

在所有的跨平台解决方案中，Flutter似乎是总体上最好的一个（表1）。虽然它的内存占用最大，但它的启动时间和整体性能是所有解决方案中最好的，或者与其他框架持平。它也是唯一一个在基准测试中击败原生实现的框架（Android的CPU后台任务）。更重要的是，Flutter提供了良好的开发体验。除此之外，今天，随着移动设备的速度越来越快，与开发的应用程序的性能相比，开发的便利性变得越来越重要。

使用React Native编写的应用程序在某些情况下表现良好，在所有跨平台框架中平均内存占用率最低，并且有非常好的启动时间。然而，根据作者的经

表1 测试解决方案的比较

平台	Xamarin	React Native	Flutter	原生Android	原生iOS
启动时间	慢	中	中	快	快
应用大小	大	中	中	小	小
内存占用	中	中	高	小	小
CPU占用	中、高	中、高	中	中	中
开发体验	中	中	非常好	好	好

验，使用React Native开发应用程序在某些方面并不像使用Flutter甚至Xamarin那样容易。React Native生态的最大优势（同时也是缺点）是它对由社区维护的库的依赖，这允许快速开发，但也会对文档的质量和库的兼容性产生负面影响。

根据基准测试，用Xamarin编写的应用程序似乎是最差的。该框架在iOS上确实有最低的内存消耗，然而，iOS应用程序通常内存占用都很小，这很少是一个问题。Xamarin在非常重要的领域存在问题，最值得注意的是，Android上的启动时间对用户体验是一个很大的损害。即使是一个“Hello World”的应用程序，其启动时间也超过了2s，而一个更高级的应用程序需要将近3s才能打开。另一个大问题是应用程序的大小。除此之外，Xamarin没有内置任何热重载工具，大大降低了其开发速度。

跨平台框架的格局是非常动态的，因此未来会出现新的框架。进一步的研究应该包括测试这些解决方案以及与越来越流行的PWA应用（Angular、React.js和Vue.js）和快速增长的Kotlin Native解决方案进行比较。比较也将受益于对用户体验的更多研究，因为本文更侧重于测试性能和应用程序开发的难易程度。

致谢

本文中的研究得到了波兰科学和高等教育部分配给克拉科夫AGH科技大学的资金支持。

参考文献

[1] “Number of apps available in leading app stores as of 1st

关于作者

Piotr Nawrocki 克拉科夫AGH科技大学计算机科学研究所副教授。研究兴趣包括分布式系统、计算机网络、移动系统、云计算、物联网和面向服务的架构。联系方式：piotr.nawrocki@agh.edu.pl。

Krzysztof Wrona EZY软件开发人员，专注于.NET解决方案，包括Xamarin.Forms移动应用。研究兴趣包括软件开发和移动应用。在克拉科夫AGH科技大学获得计算机科学硕士学位。联系方式：krzychuwr1@gmail.com。

Mateusz Marczak 软件开发人员。在克拉科夫AGH科技大学获得计算机科学硕士学位。联系方式：mpmarczak@gmail.com。

Bartlomiej Sniezynski 克拉科夫AGH科技大学计算机科学研究所副教授。研究兴趣包括机器学习、多代理系统和知识工程。联系方式：bartlomiej.sniezynski@ agh.edu.pl。

quarter 2019," Statista, Inc., Hamburg, Germany, Apr. 2019. [Online]. Available: https://www.statista.com/statistics/276623/number-of-apps -available-in-leading-app-stores/.

[2] J. Ohrt and V. Turau, "Cross-platform development tools for smartphone applications," *Computer*, vol. 45, no. 9, pp. 72–79, Sept. 2012. doi:10.1109/MC.2012.121.

[3] "Global mobile OS market share in sales to end users from 1st quarter 2009 to 2nd quarter 2018," Statista, Inc., Hamburg, Germany, Aug. 2018. [Online]. Available: https://www .statista.com/statistics/266136/ global-market-share-held-by -smartphone-operating-systems.

[4] "Cross-platform app development: Trends, tactics & tools," RipenApps, Oct. 26, 2018. [Online]. Available: https://medium.com/@ripenapps/ cross-platform-app-development-trends-tactics-tools-d05f78bc657c.

[5] P. Mukesh, P. Dhananjay, and P. Archit, "Study on Xamarin cross-platform framework," *Int. J. Tech. Res. Appl.*, vol. 4, no. 4, pp. 13–18, July–Aug. 2016.

[6] S. Sasidaran, "Survey on native and hybrid mobile application," *Int. J. Adv. Res. Comput. Eng. Technol. (IJARCET)*, vol. 6, no. 9, pp. 1389–1393, Sept. 2017.

[7] W. Wu, "React Native vs Flutter, cross-platform mobile application frameworks," B.Eng. thesis, Helsinki Metropolia Univ. Appl. Sci., Helsinki, Vantaa, and Espoo, Finland, Mar. 2018.

[8] L. Bäcklund and O. Hedén, "Evaluat- ing React Native and progressive web app development using ISO 25010," B.A. thesis, Dept Comput. Inf. Sci., Linköping Univ., 2018.

[9] T. A. Majchrzak, A. Biørn-Hansen and T. M. Grønli, "Comprehensive analysis of innovative cross-platform app development frameworks," in *Proc. 50th Hawaii Int. Conf. Syst. Sci.*, 2017, pp. 6162–6171. doi: 10.24251/HICSS.2017.745.

[10] F. M. Kho'i and J. Jahid, "Comparing native and hybrid applications with focus on features," B.A. thesis, Fac- ulty Comput., Blekinge Inst. Tech., Karlskrona, Sweden, 2016.

[11] F. Otávio, R. Silveira, F. da Silva, P. de Andrade, and A. Albuquerque, "Cross platform app a comparative study," *Int. J. Comput. Sci. Inform. Technol.* vol. 7, no. 1, pp. 33–40, 2015.

[12] V. Ahti, S. Hyrynsalmi, and O. Nevalainen, "An evaluation framework for cross-platform mobile app development tools: A case analysis of Adobe PhoneGap framework," in *Proc. Int. Conf. Com- put. Syst. Technol. – CompSysTech*, Palermo, Italy, June 2016, pp. 41–48. [Online]. Available: https://doi. org/10.1145/2983468.2983484. doi: 10.1145/2983468.2983484.

[13] W. Danielsson, "React Native appli- cation development—A comparison between native Android and React Native," M.A. thesis, Dept. Comput. Inf. Sci, Human-Centered Syst., Linköping Univ., Linköping, Nor- rköping, and Lidingö, Sweden, 2016.

[14] N. Singh, "An comparative analysis of Cordova Mobile Applications V/S Native Mobile Application," *Int. J. Recent Innovat. Trends Comput. Com- mun.*, vol. 3, no. 6, pp. 3777–3782, 2015. doi: 10.17762/ijritcc.v3i6.4536.

[15] "Developer survey results 2019," Stack Overflow. Accessed Mar. 25, 2020. [Online]. Available: https:// insights. stackoverflow.com/ survey/2019#technology-_-most -loved-dreaded-and-wanted-other -frameworks-libraries-and-tools

（本文内容来自Computer, Mar. 2021）

Computer

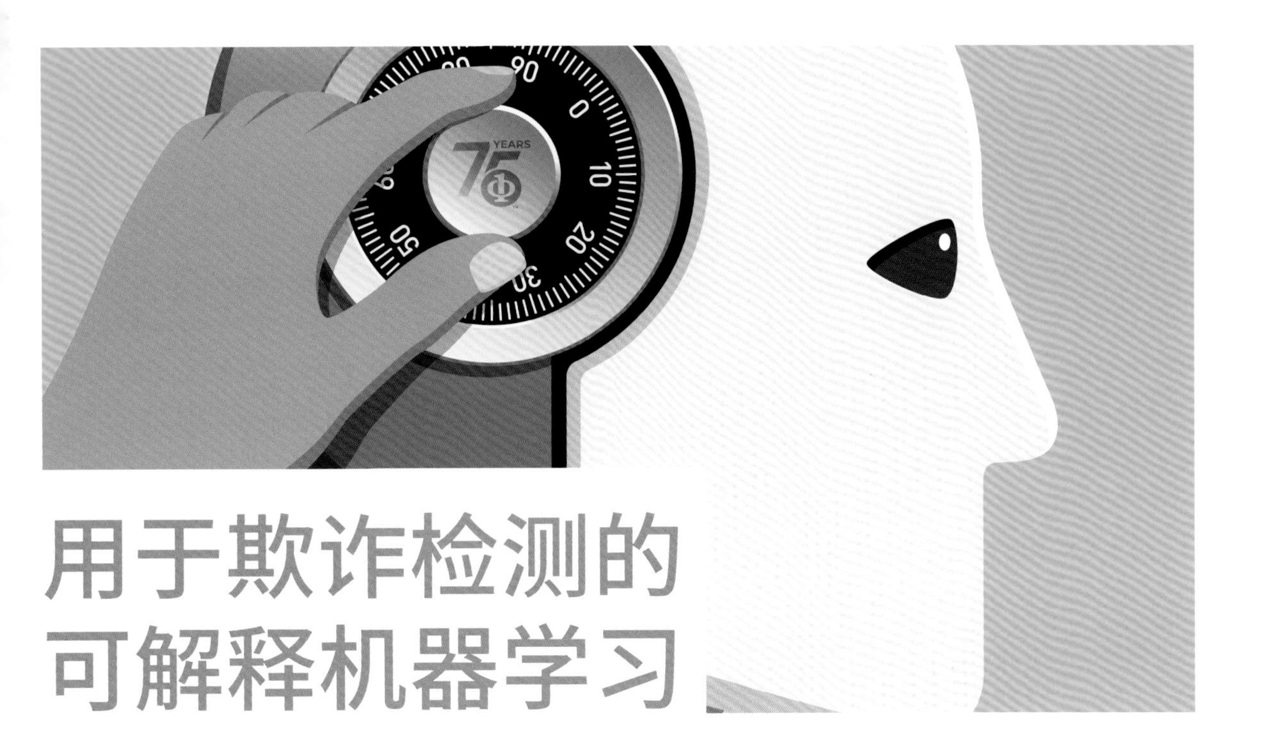

用于欺诈检测的可解释机器学习

文 | Ismini Psychoula, Andreas Gutmann, Pradip Mainali, S.H. Lee, Paul Dunphy, Fabien A.P. Petitcolas OneSpan 创新中心
译 | 程浩然

应用机器学习来支持处理大数据集在许多行业都有前景。我们通过调查适当的背景数据集的选择和运行时权衡监督及非监督模型，探索实时欺诈检测领域的可解释性方法。

数字环境正在不断发展，并向集成了人工智能 (AI) 和机器学习的核心数字服务功能转变。COVID-19的大流行导致了数字服务的转变，将这些服务从一种便利转变为必需品。许多组织不得不比预期更快地过渡到在线服务。虽然这为发展和增长创造了机会，但它也吸引了网络犯罪分子。

据报道，COVID-19爆发期间，在封锁最严格的时候，个人账户的黑客攻击和在线金融欺诈有所增加[1]，而且既有的和新的威胁者可能会引入新的犯罪模式，使得网络犯罪更加容易[2]。欺诈每年给英国的企业和个人造成1300亿英镑的损失，在全球经济中造成3.89万亿英镑[3]的损失。人们越来越需要能够自动分析大量事件和交易行为的金融欺诈检测系统，而基于机器学习的风险分析是实现这一目标的方法之一。没有完美的通用规则来区分欺诈案件，因为欺诈以各种形式和规模出现，并且与常规案件无法区分。

从异常检测到经典的机器学习和现代深度学习模型，已经有很多自动检测欺诈的方法被提出，然而，这仍然是一个具有挑战性的问题。Varmedja等人[4]比较了逻辑回归、朴素贝叶斯、随机森林、多层感知器和人工神经网络，发现随机森林的性能最好。他们还指出了使用抽样方法来解决欺诈数据集中常见的类不平衡问题的重要性。在一项类似的研究中，Thennakoon等人[5]提供了基于四种类型的欺诈选择最佳算法的指导。

最近的一项研究[6]提出了离散傅里叶变换转换，以利用频率模式而不是规范模式。另一项工作[7]探讨了审慎多重共识的使用，它结合了基于分类概率和多数投票的几种分类模型的结果。

另一个具有挑战性的方法是，在应用复杂的模型来检测欺诈案件时，没有一个简单的方法来解释这些方法的工作原理，以及模型做出决策的原因。与逻辑回归等线性模型不同，系数权重很容易解释，但没有简单的方法来评估复杂机器学习模型或深度神经网络预测背后的原因。特别是，对于具有敏感数据或安全关键领域的应用程序，向系统用户提供有效的解释至关重要[8]，并且已成为许多应用程序领域的道德和监管要求[9]。

可解释性不仅与理解复杂的机器学习模型的内部运作和预测有关，而且还与对固有偏见或隐藏的歧视以及对隐私、民主和其他社会价值的潜在伤害有关。《通用数据保护条例》在第13、14和22条指出，数据控制者应提供关于“自动决策的存在，包括分析”的信息，以及“有关所涉及逻辑的有意义的信息以及对数据主体进行此类处理的重要性和预期后果。”

在创建自动决策系统时，有几个重要的因素需要考虑，并能加以解释：

（1）决定背后的基本原理应该是容易获得并易于理解的。

（2）系统应最大限度地提高决策的准确性和可靠性。

（3）应确定可能导致偏见或不公平决定的潜在数据和特征。

（4）应了解部署人工智能的背景以及自动化决策可能对个人或社会产生的影响[10]。

有几项解释异常检测设置中的模型的研究已经被提出。上下文异常值解释[11]是一个旨在解释检测器发现的异常的框架。Situ是另一个用于检测和可视化计算机网络流量和日志中的异常情况的系统[12]，Collaris等人[13]开发了数据看板，为随机森林算法检测到的保险欺诈提供解释。

与该研究类似的研究也使用 Shapley 加性解释 (SHAP) 值进行自动编码器解释[14]，用变分自动编码器解释网络异常[15]，并将SHAP值与主成分分析特征的重构误差进行比较以解释异常[16]。然而，到目前为止，还没有太多关注背景数据集的影响和运行时的影响，这些解释可能对欺诈等实时系统产生影响。

在本文中，我们提出了一个案例研究，该研究使用两种最突出的方法LIME和SHAP来探索有监督和无监督模型检测到的欺诈行为。归因技术通过对影响其生成的最重要特征进行排序来解释一个单实例预测。

LIME[17]通过训练局部替代模型来解释单个预测，从而接近底层黑盒模型的预测。本质上讲，LIME 通过调整更简单的本地模型中的特征值来修改单个数据样本，并观察对输出的影响。

SHAP[18]方法通过使用基于联盟博弈论的 Shapley 值计算每个特征对预测的贡献来解释实例的预测。直观地说，SHAP 通过考虑每个可能的特征组合对输出的影响来量化每个特征的重要性。这些解释旨在通过关注影响最终决策的特征之间的联系和权衡，为专家和终端用户提供见解，这取决于背景数据集和解释方法的运行时间。我们专注于黑盒解释方法，因为它们可以应用于大多数算法而无需知道确切的模型。

案例研究

我们提出了一个金融欺诈可解释性案例研究。我们使用开源 IEEE 计算智能协会(CIS)欺诈检测数据集[19]提供的欺诈检测解释。该数据集提供了有关信用卡交易和客户身份的信息——带有欺诈交易的标签($Y \in 0,1$)。该数据集具有高度不平衡的类别，欺诈占所有交易的 3.49%。

我们对有监督和无监督模型进行了实验，并在预测准确性、解释可靠性和运行时间方面比较了它们在相同数据集上的性能。对于有监督模型，我们使用 IEEE CIS 欺诈检测数据集[19]中提供的标签来指示每笔交易在训练阶段是欺诈性的还是真实的。然而，获得每笔交易的标签往往是不可能的，并且手动标记数据或只拥有干净的数据通常是困难和耗时的。无监督的方法和表示学习可以在不需要标签的情况下处理好平衡的数据集。在无监督模型（自动编码器和孤立森林）中，我们将 IEEE CIS 欺诈检测数据集视为无标签数据，并分别使用重建损失和异常分数来检测欺诈案例。

我们比较了以下模型：

（1）朴素贝叶斯：这种概率分类器简单、高度可扩展且易于在受监督的环境中训练。

（2）逻辑回归：对比这个简单且本质上易于理解的模型可以显示，使用更复杂的模型可以获得多少收益。

（3）决策树：决策树在规模较小时可提供强大的准确性和固有的透明度。

（4）梯度提升树：树的集合是最准确的模型类型之一，但也非常复杂。我们用 100 个估计器训练模型，最大深度为 12，学习率为 0.002。

（5）随机森林：该分类器使用树的集合来减少预测误差。我们用 100 个估计器训练了模型。

（6）神经网络：这种多层感知器可以模拟输入特征之间的非线性相互作用。我们使用 Adam 优化器训练了具有三个隐藏层的多层感知器，每个隐藏层包含 50 个单元，并使用修正线性单元 (ReLU) 激活。

（7）自动编码器：这种无监督神经网络通过使用反向传播并设置目标值与输入值相等来工作。我们用三个隐藏层训练网络，每个隐藏层包含 50 个单元，使用 ReLU 激活、Adam 优化器和均方误差作为损失。重建误差衡量一个观察值是否偏离了其他观察。

（8）孤立森林：这种无监督算法使用决策树森林来划分数据。用于分离数据的拆分是随机完成的。分裂的数量表明一个点是否是一个异常点。在训练中，我们使用了 100 个估计器和自动污染。

我们只使用了数据集中 433 个特征中的 24 个。选择这 24 个特征是为了关注那些对其价值有一些描述的栏目，这样解释起来会更容易理解。这些特征是：“TransactionAMT”，以美元为单位的交易支付金额；“ProductCD”，每笔交易的产品；“Device Type”（设备类型）与“Device Informa-tion”（设备信息）；“card1”到“card6”，显示支付卡信息，如卡类型、卡类别、发卡行和国家；“P_emaildomain”，购买者的电子邮件域；“R_emaildomain”，接收者的电子邮件域；“M1”到“M9”，表示匹配，如卡上的名称和地址；“id_x”，身份的数字特征，如设备等级、IP 域等级和代理等级。

数据集包括行为指纹，如账户登录时间和登录尝试失败以及账户在页面上停留的时间。但是，由于安全条款和条件，数据集的提供者无法详细说明所有特征的含义以及特征和列之间的对应关系[19]。

表 1 显示了每个模型的分类结果。我们保留

模型	精度	召回率	F1指数	特征曲线之下的面积
朴素贝叶斯	0.543	0.669	0.544	0.663
逻辑回归	0.891	0.533	0.553	0.533
决策树	0.762	0.742	0.752	0.706
随机森林	0.84	0.725	0.769	0.688
梯度提升树	0.88	0.729	0.789	0.709
神经网络	0.795	0.578	0.619	0.581
自动编码器	0.944	0.767	0.839	0.617
孤立森林	0.723	0.608	0.664	0.553

表1 表现结果

了 20% 的样本进行验证。对于模型的实现，使用了 Scikit-learn (http://scikit-learn.sourceforge.net/) 和 Keras (https://keras.io/) 库。由于数据集高度不平衡，我们使用精度、召回率、F1 指数和特征曲线之下的面积来评估模型的性能。

解释的可信度

为了给解释创造一个基准，我们使用逻辑回归分类器来预测欺诈交易，并通过系数权重来衡量特征重要性。由于逻辑回归模型的透明度及其在监管机构中的广泛接受度，我们将其提供的全局权重视为基础事实，并将其与归因方法的结果进行比较。图 1 显示了由逻辑回归确定的全局前 10 个最重要的特征。

解释监督模型

归因技术，例如LIME和 SHAP，通过对影响生成的最重要特征进行排名来解释单实例预测。为了评估LIME和SHAP在欺诈检测中的性能，我们通过提供具有特征重要性的解释来比较和评估它们。我们使用汇总图来概述同一单个实例的值如何影响不同模型的预测。作为单个实例，我们定义了一个用于所有模型和实验的欺诈交易。

监督模型的实验结果如图2所示。LIME和SHAP都产生具有不同排名的顶部相似特征。与图 1 中逻辑回归的全局特征相比，LIME 在七个特征上一致，SHAP 在八个特征上一致。但是，这两种方法和所有模型的特征排名都不同。我们注意到，平均而言，SHAP 产生的解释更接近于排名方面的逻辑回归的全局特征。

解释无监督模型

在无监督方法中，特别是在异常检测中，模型给出的结果并不总是一个概率。在自动编码器的情况下，我们对解释高重构错误的解释性特征集感兴趣。

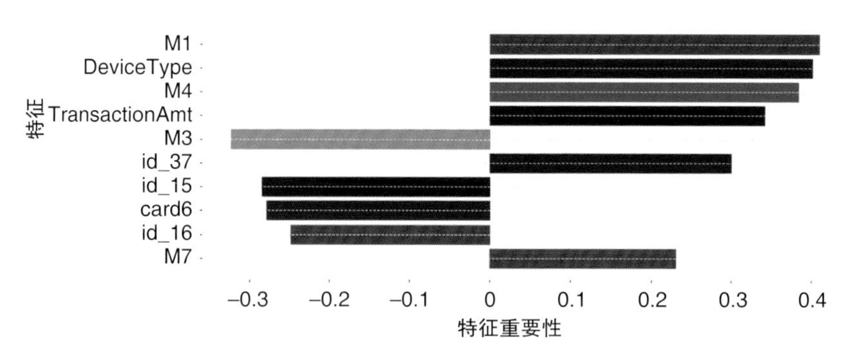

图1 逻辑回归确定的全局前10个最重要的特征

在图 3(a) 中，我们看到SHAP仅在四个特征上达成一致，交易金额和设备信息是将交易标记为欺诈的最重要特征。图 3(b) 显示了带有SHAP的孤立森林的顶部解释特征。我们注意到，顶部特征只与逻辑回归的四个解释和自动编码器的五个特征相匹配。

解释的可靠性

SHAP 方法需要一个背景数据集作为参考点来生成单实例解释。例如，在图像处理中，通常使用全黑图像作为参考点，但在金融欺诈检测中，没有可以作为基线的通用参考点。我们探讨了不同背景数据集对欺诈检测解释的影响，并评估了可用于向欺诈分析人

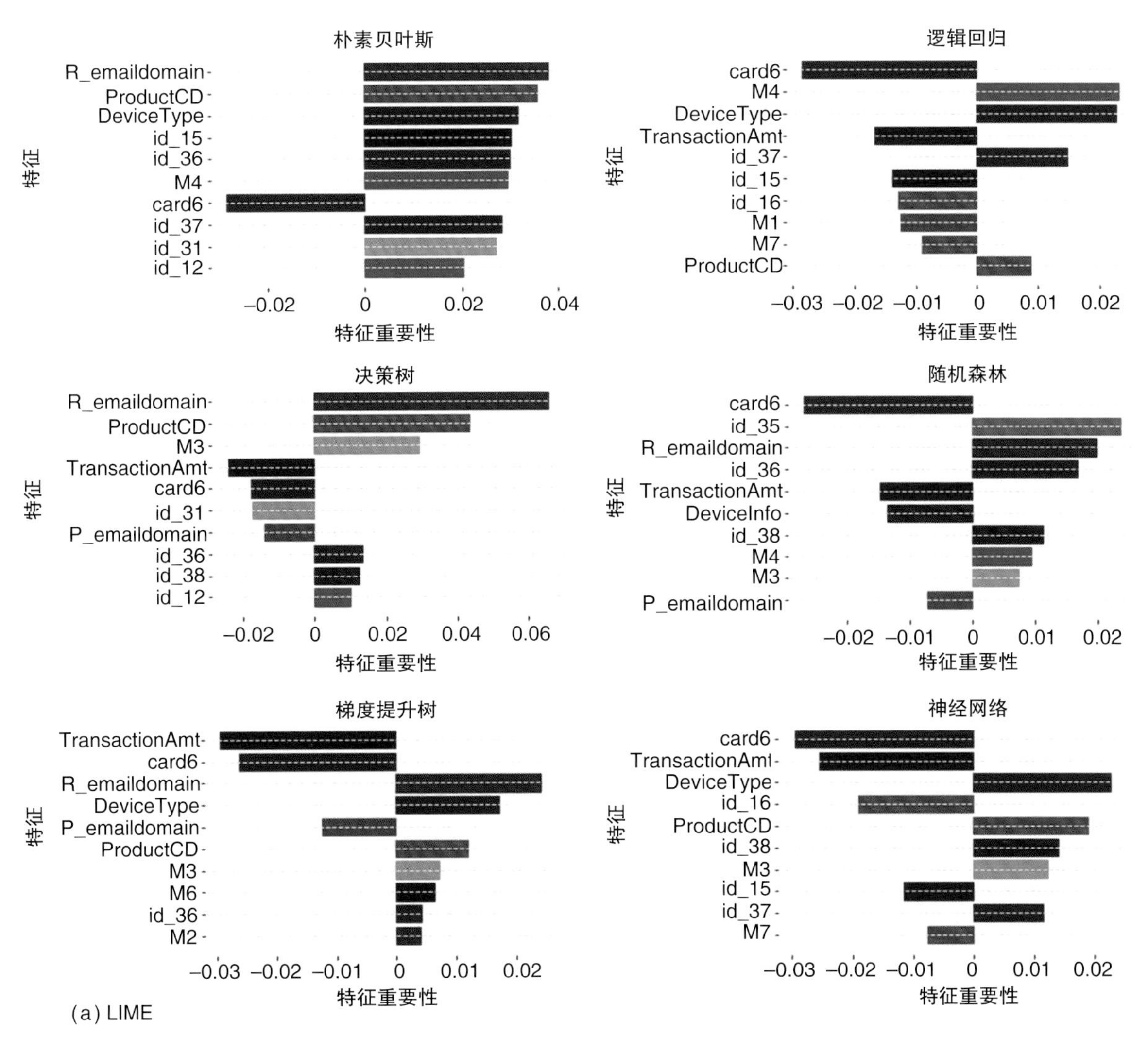

图2　对同一正常实例，按重要性排列的前10个特征

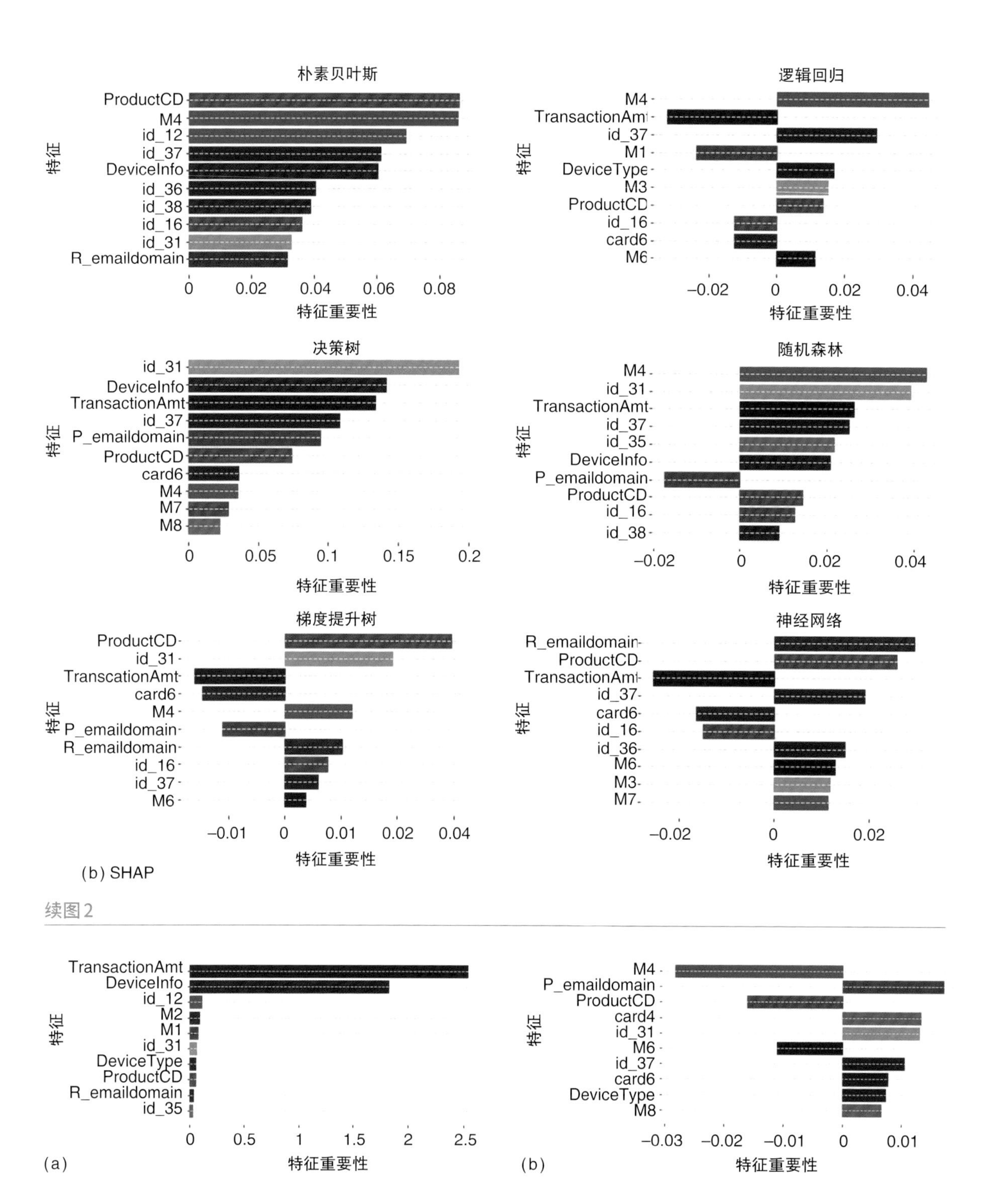

续图2

图3　使用（a）自动编码器和（b）孤立森林对单个实例按重要性排列的前10个SHAP特征

员提供对比解释的不同参考点。

图4强调了仅使用正常或仅使用欺诈交易作为参考点时的差异。我们注意到，无论背景数据集如何，朴素贝叶斯、逻辑回归和决策树等模型都能给出更一致的解释，而随机森林、梯度提升树和神经网络等模型对参考点更敏感。我们还为自动编码器和孤立森林模型试验了不同的背景数据集。我们的研究结果表明，自动编码器对背景数据集的变化更加稳健。在孤立森林模型中，我们发现贡献特征基本保持不变，但它们的排名受到的影响最大。

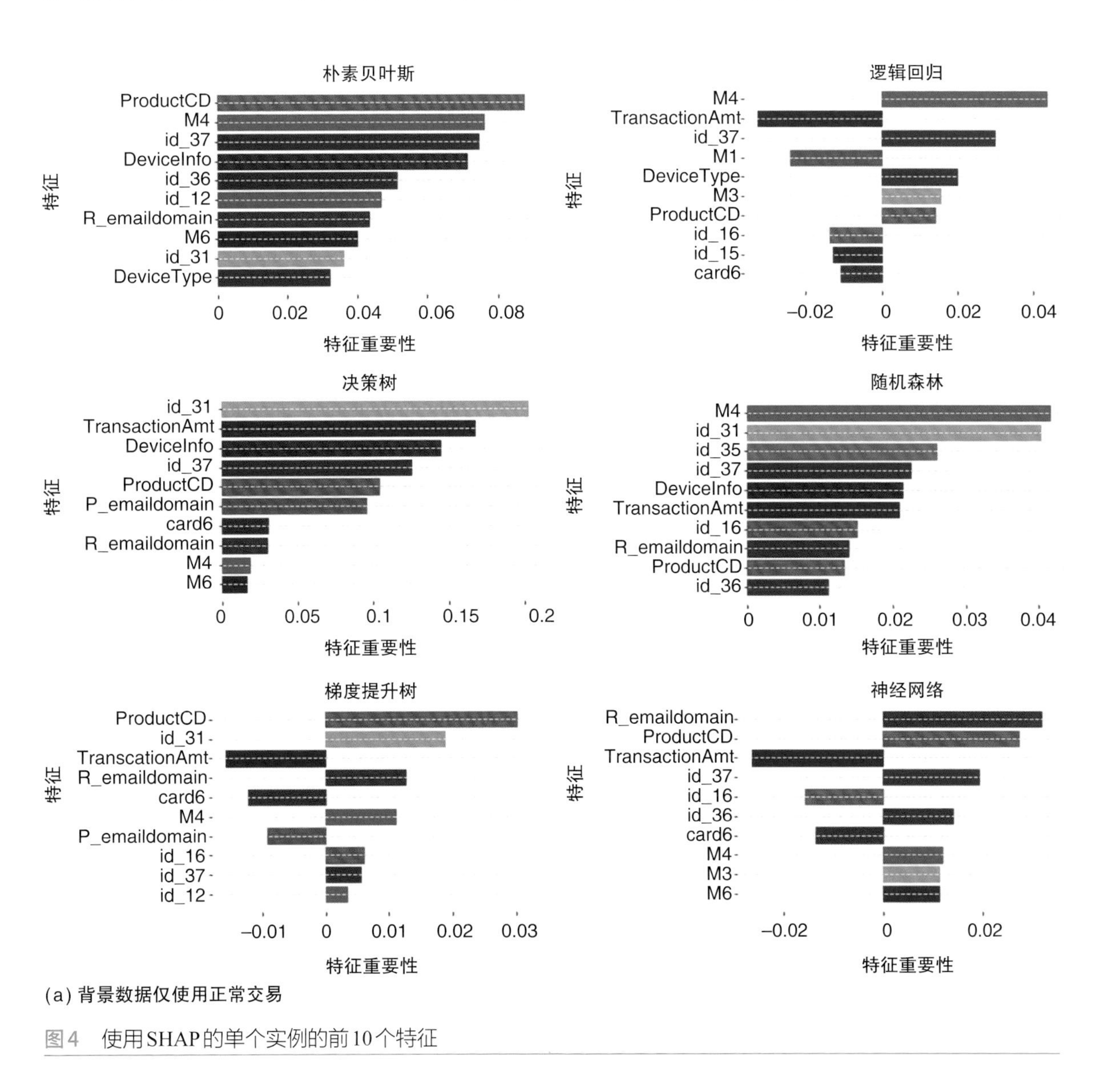

(a) 背景数据仅使用正常交易

图4 使用SHAP的单个实例的前10个特征

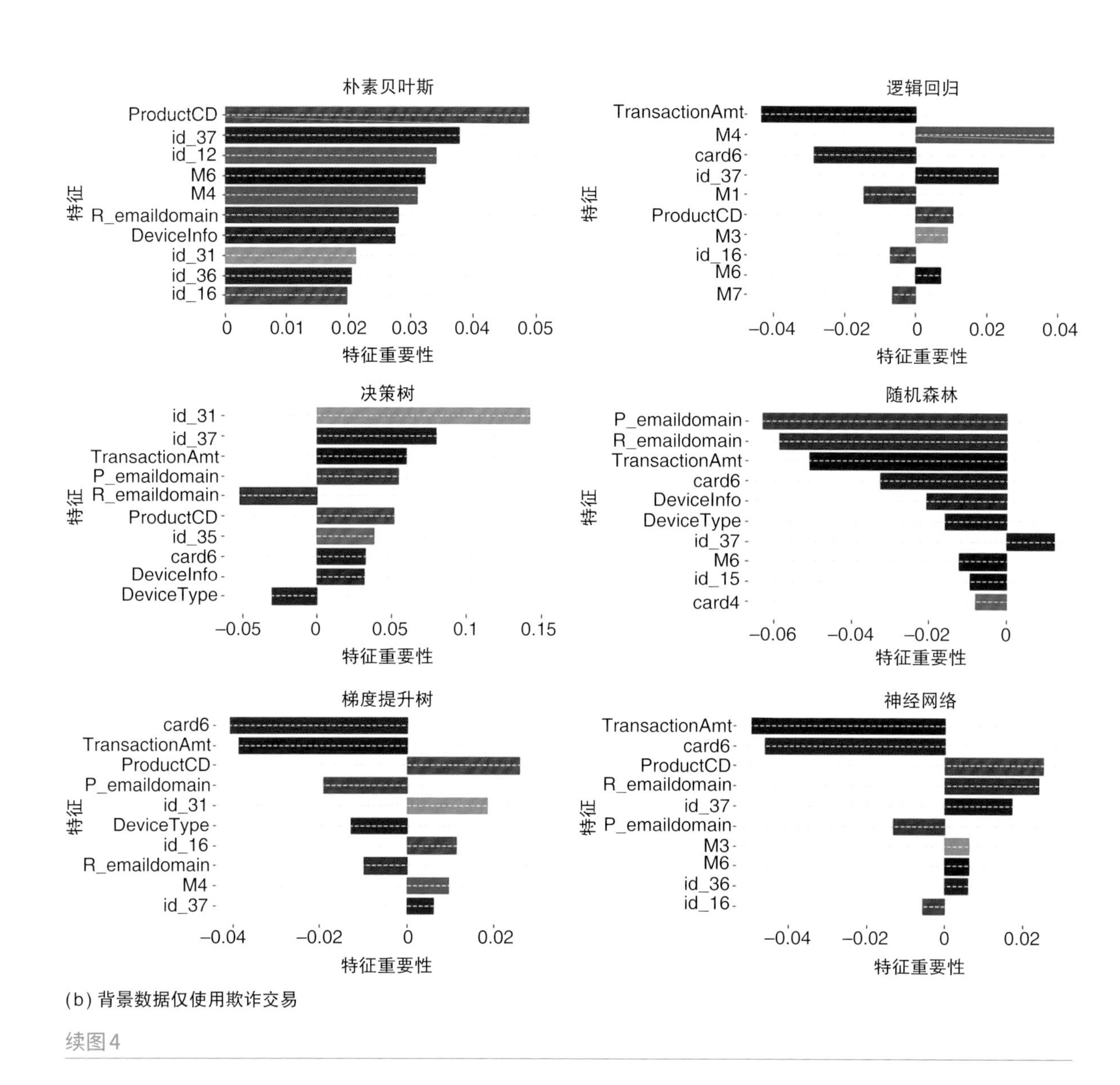

(b) 背景数据仅使用欺诈交易

续图4

我们注意到大多数模型对参考的选择很敏感，但没有明显的点可以作为欺诈检测的参考。通过使用直观的参考点，我们可以提供一个基础，在此基础上可以产生与我们试图预测的类别相似或对比的解释（如现有的黑名单账户）。对于每个领域，重要的是要了解哪些参考资料对终端用户来说是最容易理解、最值得信赖的。

在实时系统中需要考虑的另一个重要权衡因素是提供解释所需的时间。正如我们之前所讨论的，SHAP 依赖于背景数据集来推断预期值。对于大型数据集，使用整个数据集的计算成本很高，因此往往依赖于近似值（如数据的子样本）。然而，这对解释的准确性有影响。通常，背景数据集越大，解释的可靠性就越高。

表 2 显示了使用基于不同子采样背景大小的SHAP和使用LIME提供单实例解释所需的时间。这些实验在配备 Asus TURBO RTX 2080TI和11-GB GPU的Linux服务器上运行。对于实时运行的欺诈检测系统，模型和解释方法的微调将影响欺诈分析人员可以及时收到多少解释。

总的来说，LIME 和SHAP都是解释交易欺诈模型的优秀方法。在欺诈检测系统的情况下，选择解释方法的主要问题是模型复杂性、解释可靠性和运行时间之间的权衡。由表 2 可知，LIME在提供单实例解释方面比SHAP快得多。然而，这可能是以可靠性为代价的。

欺诈数据集包含许多分类、数字和文本数据的混合类型的变量。在有很多分类变量的情况下，比如在本文中使用的欺诈数据集中，使用LIME会导致预测值和解释之间存在很大差异，因为用于创建近似模型的方法有偏差。我们发现提供最佳权衡的组合之一是选择样本大小为 600 的背景数据集的 SHAP。在这种情况下，解释的平均预测最接近模型的平均值，而运行时开销与LIME接近。

机遇与挑战

可解释机器学习方法的发展仍面临一些研究、技术和实践挑战，特别是在异常检测方法方面。主要挑战之一是不平衡数据集的普遍存在。良性交易比欺诈性交易对解释的影响更大。SHAP可以根据解释的目标指定背景数据集或参考点来提供帮助。

此外，为了使收到的解释能够得到信任，我们需要能够评估它们。然而，这已被证明是解释的一个挑战点。评估解释的一种方法是检查解释是否足以让终端用户完成他或她的任务。也就是说，在欺诈示例中，解释应包括足够的细节和特征，使欺诈分析人员能够有效地确定交易是否被正确标记。

同样重要的是，需要人工干预或人类专家与人工智能之间的协作，来识别人工智能系统未按预期运行的情况。为了创造有效的人机协作，我们需要了解人工智能系统的能力和局限性，并对其保持透明[20]。

另一个对金融领域特别重要的挑战是数据的保密

表2　单实例解释的运行时间（以秒为单位），其中s是二次采样背景数据集的大小

模型	SHAP (s = 600)	SHAP (s = 1000)	SHAP (s = 4000)	LIME
朴素贝叶斯	4.32	7.03	30.61	4.38
逻辑回归	3.78	6.43	26.38	4.43
决策树	3.88	6.23	27.55	4.42
随机森林	22.66	35.67	221.74	4.55
梯度提升树	119.98	193.31	241.8	5.19
神经网络	6.34	11.1	33.78	4.44
自动编码器	9.26	14.66	73.88	–
孤立森林	39.11	71.97	318.59	–

性和私有性。财务数据集包含应受到保护的个人和公司的敏感信息。这通常意味着数据集是匿名的，甚至特征名称也可以更改为“M1”或“id-1”的格式，正如我们在案例研究中所见。

在这些情况下，探索数据变得非常困难。这需要花费大量时间在屏蔽、解除屏蔽、逆向工程以及决定是否包含或排除机密特征上，因为模型无法对它们透明并提供终端用户可以理解的解释。

在提出解释时，还需要考虑环境因素。在完美的情况下，机器学习方法提供的解释将与人类理解相同并与基本事实相匹配。然而，通常情况并非如此：本文中分析的方法所提供的解释对于专家数据科学家来说可能很清晰，但欺诈分析人员或终端用户可能不太容易理解。如何向终端用户呈现解释（例如，可视化；文本解释；数值、基于规则或混合方法）可以确定解释在帮助用户理解推断过程和模型输出方面的有效性。

欺诈检测方法中的一个常见问题是误报率很高（即交易被错误地归类为欺诈）。我们可以使用解释来验证异常检测中的特征是否确实有意义并且是我们所期望的。解释关键领域中的异常检测模型与模型的预测准确性同样重要，因为它使终端用户能够理解和信任这些预测并对其采取行动。

解释异常现象的主要优势之一是能够区分检测欺诈性异常和检测来自真实用户的罕见但良性的事件，这些事件可能是特定领域的。通过对金融欺诈检测中发现的异常值进行解释，我们可以减少欺诈分析人员手动检查每个案例所需的时间和精力。

此外，在欺诈检测中经常会遇到数据变化，例如，在一年中的某些时间或由于 COVID-19 大流行等不可预见的情况下，消费模式发生了变化。大多数欺诈检测算法依赖于无监督学习或异常检测和强化学习。在这种情况下，我们无法确定算法学到了什么，因为数据变化会导致概念漂移，也就是说，模型预测的东西与其原始目的不同。可解释的 AI 可以指示模型是否存在任何数据或概念漂移。它还可以更轻松地改进和调试模型以及重用它们，而无需在每次更新时从一开始就学习和找出偏差。

另一种可解释的人工智能可以帮助欺诈检测的情况是对抗性行为。在对抗性机器学习中，对手在机器学习模型中插入特定实例，知道这会影响其学习并导致其错误分类某些实例。例如，网络犯罪分子可以在数据集中插入扰动实例并影响分配给交易的欺诈分数。

可解释的 AI 是一种增强防御对抗性攻击的手段。检测此类攻击并非易事，可解释的 AI 可以在协助检测此类操纵方面产生巨大影响，让公司和终端用户更加信任机器学习推理。

为了在金融领域成功采用先进的机器学习算法，模型可解释性对于满足监管要求并确保对结果的信任是必要的。相关文献提出了几种方法来检测和解释不同环境中的异常情况，从网络传输到保险欺诈。然而，我们发现对实时系统的可靠性和实际考虑的探索是有限的。

在这项工作中，我们提供了有关解释金融欺诈决策的权衡的见解。我们通过探索不同的参考点并比较实时欺诈系统方法的性能来扩展当前的文献。使用一种透明的逻辑回归模型作为基本事实，我们发现归因方法是可靠的，但可能对背景数据集敏感，这可能导致不同的解释模型。因此，选择合适的背景很重要，并且应该基于解释的目标。

我们还发现，虽然SHAP能给出更可靠的解释，

关于作者

Ismini Psychoula OneSpan 创新中心科学家。研究兴趣包括机器学习、隐私增强技术、可解释性和值得信赖的人工智能。在德蒙福特大学获得计算机科学博士学位。联系方式：ismini.psychoula@onespan.com。

Andreas Gutmann OneSpan 创新中心研究员。研究兴趣包括用户和交易认证、用户体验、隐私增强技术以及金融技术和服务。在伦敦大学学院获得计算机科学博士学位。联系方式：andreas.gutmann@onespan.com。

Pradip Mainali OneSpan创新中心首席研究员。研究兴趣包括隐私保护机器学习、深度学习、计算机视觉和多核/多核平台上的并行计算。在鲁汶大学获得电子工程博士学位。联系方式：pradip.mainali@onespan.com。

S.H. Lee OneSpan创新中心首席研究员。研究兴趣包括可信赖的人工智能和用于欺诈检测的自适应机器学习。在剑桥大学获得工程博士学位。联系方式：sharon.lee@onespan.com。

Paul Dunphy OneSpan创新中心首席研究员。研究兴趣包括以用户为中心的安全和隐私问题以及未来的数字身份基础设施。在纽卡斯尔大学获得博士学位。联系方式：paul.dunphy@onespan.com。

Fabien A.P. Petitcolas OneSpan创新中心经理。研究兴趣包括与身份管理和用户认证相关的信息隐藏和安全问题。在剑桥大学获得计算机科学博士学位。联系方式：fabien.petitcolas@onespan.com。

但LIME速度更快。在实时系统中，解释一切并不总是可行的。我们必须在模型和解释方法的可部署性与人类所需的时间和欺诈的可能性之间取得平衡。结合使用这两种方法可能是有益的，其中LIME用于为欺诈预防提供实时解释，而 SHAPi用于实现监管合规性，并在回顾中检查模型的准确性。

参考文献

[1] D. Buil-Gil, F. Miró-Llinares, A. Mon- eva, S. Kemp, and N. D. iaz-Castaño, “Cybercrime and shifts in opportunities during COVID-19: A prelim- inary analysis in the UK,” *Eur. Soc.*, vol. 23, pp. S47–S59, July 2020. doi: 10.1080/14616696.2020.1804973.

[2] A. V. Vu, J. Hughes, I. Pete, B. Collier, Y. T. Chua, I. Shumailov, and A. Hutchings, “Turning up the dial: The evolution of a cybercrime market through set-up, stable, and covid-19 eras,” in *Proc. ACM Internet Measurement Conf.*, 2020, pp. 551–566.

[3] “The financial cost of fraud 2019.” Crowe. https://www.crowe .com/uk/croweuk/-/media/Crowe/ Firms/Europe/uk/CroweUK/ PDF-publications/The-Financial-Cost -of-Fraud-2019.pdf.

[4] D. Varmedja, M. Karanovic, S. Slado- jevic, M. Arsenovic, and A. Anderla, “Credit card fraud detection-machine learning methods,” in *Proc.2019 18th Int. Symp. INFOTEH-J AHORINA (INFOTEH)*, pp. 1–5. doi: 10.1109/INFOTEH.2019.8717766.

[5] A. Thennakoon, C. Bhagyani, S. Premadasa, S. Mihiranga, and N. Kuruwitaarachchi, “Real-time credit card fraud detection using machine learning,” in *Proc. 2019 9th Int.*

的简单自主功能（如协助驾驶员停车）。第3级指自主级别，即驾驶员在场但不持续监控车辆决策，不过驾驶员需要为任何潜在的威胁或困难做好准备，此功能目前由一些高端汽车提供。第4级指高度自动化，在一定的受控场景下，车辆可以完全自主地工作，汽车行业目前正在竞相建立这个级别。在第5级别，自动驾驶汽车将在任何条件下安全可靠地通勤，无需人工干预，也不会损坏内部或外部的某人或某物。本文中介绍的自动驾驶汽车代表第5级自动化。

开发自动驾驶汽车并使其为社会所接受的一个关键方面是这些车辆可能需要做出的道德上的决定。关于机器道德[3,4]的科学和哲学的定期讨论从未间断。这将在从无自主过渡到完全自主的过程中发挥重要作用。一些经常争论的问题包括“在一只猫和一个人中，当无法同时拯救两者时，自动驾驶汽车会选择将谁从被碾压中拯救出来？”或者“它会碾过老妇人还是蹒跚学步的孩子[图1(a)]，亦或撞毁自己，伤害内部的乘客？”[5]。设计算法来帮助自动驾驶汽车做出这些道德判断是一项艰巨的挑战。此外，自动驾驶汽车软件架构师有望提高这种以用户为中心的算法的可解释性。

本文试图概括围绕着自动驾驶汽车困境的可用技术文献和哲学观点。在“可能的困境情况”中，对二元自动驾驶汽车困境提出了简洁的看法：涉及和不涉及乘客。我们提出了这些困境的独特分类框架作为流程图，该流程图简化了理解困境的方法，使我们能够提出一些最优选或最合理的方法作为具有高可接受性潜力的解决方案。这些将在“关于解决方案”部分中进行介绍，我们在其中讨论了世界各地机构制定的一些指导方针和基本规则，包括围绕自动驾驶汽车困境进行的哲学调查和实验，以及处理这些困境的一些合理方法。

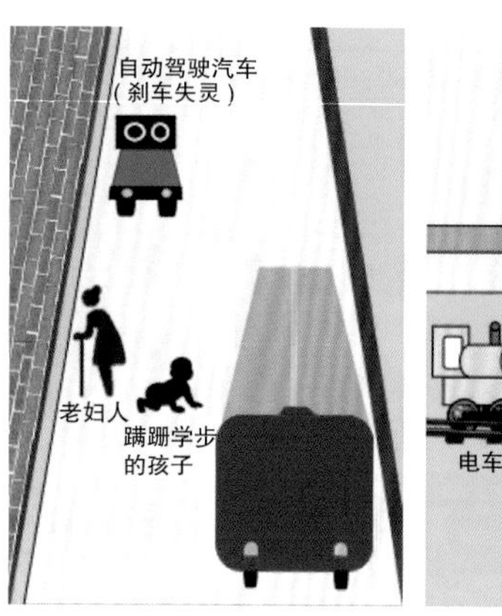

(a) 拯救老妇人或蹒跚学步的孩子的困境

(b) 电车困境

(c) 人行天桥困境

(d) 鸭嘴兽困境

图1　不同的场景

对于一些解决方案尚不明确的困境，我们提出了一些很少讨论的观点。这种讨论或许可以帮助读者在各自的社会、地理和文化背景下做出更明智的决定。“总结解决方案”部分提供了一些现有文献中没有的解释，这可能有助于架构师为自动驾驶汽车构建安全、可靠和稳定的软件。

第 3 级自主级别
指驾驶员在场
但不持续监控车辆决策

可能的困境情况

不能允许机器在潜在事故的情况下做出随机决定。事实上，自动驾驶汽车的主要论点之一是，至少在理论上，它们试图减少道路事故。因此，工程师在讨论其后果的确定性后，应极其谨慎地提出每一个驾驶困境的案例。用美籍德裔心理学家库尔特•勒温 (Kurt Lewin) 的话来说，这是一个策略与策略冲突的典型案例[7]，但发生在机器而不是人类。

例如，著名的电车困境[5]就是自动驾驶汽车道德困境的教科书例子。它已经被讨论了大约一个世纪，最初是作为一个道德问题，然后是哲学案例研究，最后是在其当前背景下。如图 1(b)所示，问题的开始是让你使用失控电车的操纵杆，你可以使用它来将电车转向绑在轨道上的一个人，导致他或她不应到来的死亡，或者你可以让电车继续行驶，杀死五个绑在轨道上的人继续向前行驶。你怎么做？电车困境是一个用于描述一系列涉及此类困境的总称 [如图 1(c)所示的人行天桥困境][8]。

许多现存的文献都讨论了这种情况。例如，道德的机器[9]提供了九种不同的意见对比：自动驾驶汽车是否应该将人类的生命置于动物之上、将乘客置于行人之上、将女性置于男性之上、将年轻人置于老年人之上、将健康者至于不健康者之上、将社会阶层更高的人至于社会阶层低的人之上、将守法者至于违法者之上、更多的人而不是更少的人得救、真正地采取行动还是继续专注于它们的任务（不采取行动）？对这些情况不存在普遍接受的答案。

有趣的是，运动安全，即避免碰撞的能力，显然是自动驾驶汽车的主要优势之一[10]。根据博纳丰（Bonnefon）等人[4]在2015年进行的六项系列研究，参与者（仅限美国居民）认可为了更大的利益而牺牲乘客生命的自动驾驶汽车[11]，但不同意接受同样的命运发生在自己身上。

涉及乘客的困境

最常见的情况是当乘客有危险时，自动驾驶汽车必须在乘客和对面的人或物之间做出选择。与乘客相反的选择可能是以下选项之一：人类/多个人类、动物/多个动物、财产（任何无生命的障碍物，如墙壁、边界、路障、分隔线等）、其他车辆/多个车辆、在特定期限前到达目的地或在拯救乘客时违反驾驶法规（见图 2）。事实上，乘客还可以分为男性、女性、动物、青少年、幼儿、老妇人等，但为了简单起见，我们将乘客定义为任何生物。

考虑一下刹车突然失灵的例子 [图 1(d)]。在这里，软件处于这样一种情况，即一辆自动驾驶汽车在载着五只鸭嘴兽行驶时突然刹车失灵，并且还遇到了其他五只鸭嘴兽过马路。路的另一边被混凝土路障挡住了。因此，自动驾驶汽车必须决定是继续移动并杀死过马路的鸭嘴兽，还是转向并撞上路障，杀死车内的鸭嘴兽。现有的软件程序旨在提高车辆的日常操作效率，可能无法解决此类特殊情况。但是，对于这些场景，软件必须具有内置功能。

不涉及乘客的困境

本节处理自动驾驶汽车的乘客没有危险的情况（见图2）。这包括车辆处理货物运输或车辆被从一个地方呼叫到另一个地方而没有任何乘客的情况。在这些情况下，车辆当然可以做出简单的选择，即对自身造成伤害高于对沿途的生物造成伤害。然而，一种可能的情况是车辆被指示损坏自身不是一种选择。一个例子是携带燃料的自动驾驶汽车，这样火灾事故会造成更大的损失。

因此，需要通过在其路径中的两个对象之间进行选择来进行次要选择。这里可能出现的情况是人类、动物、截止日期、法律、财产和其他车辆的多种组合。这种次要选择更加复杂，因为存在多种可能的选择组合，而且问题超出了自我牺牲的范畴。例如，自动驾驶汽车必须在相邻车道上行驶的两个骑自行车的人之间做出选择，其中一个戴头盔而另一个没有戴头盔[5]。其他情况可能是是否违反法律或损坏某些财产或任何其他自动驾驶汽车以及时到达目的地。此外，还包括需要在其他两个自动驾驶汽车之间做出决定的场景。

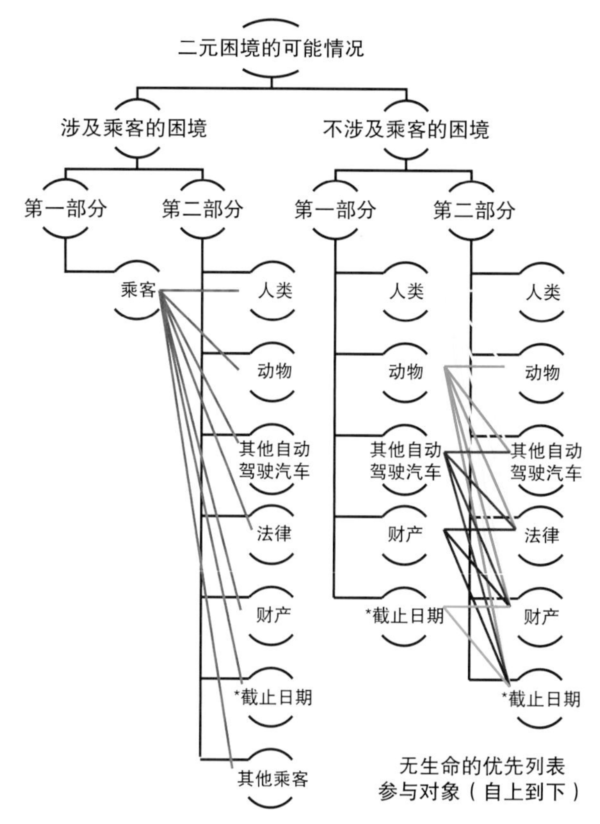

图2　该流程图描述了自动驾驶汽车软件可能出现的二元困境的大多数情况。彩色线条匹配一对参与对象，形成一个组合，可以在自动驾驶汽车控制软件的道德范围内形成二元困境

*截止日期意味着及时到达目的地

关于解决方案

前面的章节已经简要解释和总结了大部分在特定假设下可能出现的二元困境。本文的其余部分侧重于尝试找到这些问题或至少其中一些问题的解决方案。我们讨论来自文献的想法和意见，并谈论我们的观察和发现。软件的架构师，以及那些应该为这些问题提出解决方案的人，必须确保解决方案是一致的、合理的，又不会令人无法容忍（对公众而言）或使购买者灰心。

读者可能会争辩说，自动驾驶汽车永远不会出现所描述的困境，因此，没有必要讨论解决方案。然而，驳回争论可能不是解决问题的最佳方法。英国互联和自动驾驶车辆中心指出了一项英国自动驾驶道路测试规范，该规范要求“有一名准备好、有能力并愿意恢复对车辆的控制的驾驶员（在车内或车外）（正在测试中）。”[12]

将来，简单地靠边停车并将控制权交还给驾驶员可能是不够的[5]。如果需要将自动驾驶汽车应用到现实，则必须有更多的响应选项。讨论这些问题和解决方案的另一个有力论据是“驾驶座不应该被允许是空的吗？”或者“如果自动驾驶汽车里只有孩子怎么办？”。更重要的是，这是从5级自动驾驶控制到3级的强制转换，这当然不是技术上进步的解决方案。此外，时间的风险因素可能没有足够的时间让驾驶员立即采取控制措施，然后做出理智、快速和关键的决定[13]。这样，相反的，可能会使情况恶化。

大多数相关机构都专注于构建以某种方式避免困境的软件。例如，德国概述的政策建议“在实际可行的情况下预防事故。”[14]当然，自动驾驶汽车应该很好地控制它的速度和轨迹以避免这些情况。但整个论点都是基于不可避免的情形。此外，选择一个选项而不是另一个选项，或者换句话说，碰撞优化，被视为瞄向[5]或将伤害从一个区域转移到另一个区域。作为5级自动驾驶汽车的起点，一个常见的建议是为这些车辆标记一条专用车道。然而，这不仅在时间和资源方面都是一个昂贵的解决方案，而且为此所需建立的软件道德将与5级自动驾驶汽车所需的不同。例如，自动驾驶汽车使用专用车道时，某些汽车在这条车道内不适当行驶的可能性要小得多。结果是，将5级自动驾驶汽车引入4级环境，这种情况有利于过渡到功能齐全的自动驾驶汽车，但从长远来看肯定不是好事。

一个更好的建议是让自动驾驶汽车能够面对这样的困境。软件应提供紧急模式来预防。在这种模式下，系统可以采取额外的预防措施来保护乘客和可能的任何行人免受任何伤害。这方面的一个例子是在预期的碰撞之前对安全气囊进行部分充气。其他预防工作可能包括警报和警报器来警告自动驾驶汽车周围的人。可以及时与交通管理部门建立联系。随着物联网设备使用的增加，这种通信是可行的。有关威胁情况的警报也可以发送到该位置附近的其他自动驾驶汽车，以防止情况恶化或成为灾难性的。

另一个案例考虑了自动驾驶汽车做出的决定的合法性。欧盟委员会最近的建议是使用当前的碰撞统计数据来选择易受伤害的道路使用者并相应地设计自动驾驶汽车的驾驶算法[6]。它进一步建议对困境结果进行初步的有机选择，并利用同样的数据相应地改进和制定交通规则。相对于使用5级自动驾驶汽车的运动的规则和规定，违法救人可能适得其反，这样做可能会导致蝴蝶效应，非线性系统初始条件的微小变化会导致后期状态的巨大差异[15]。例如，如果自动驾驶汽车进入禁止进入的车道以拯救行人，它可能会撞到许多在街上工作的工人，这些工人最初可能在自动驾驶汽车的视野之外。

将 AV 视为实时操作系统 (RTOS)，预计它可以准确准时到达目的地，即满足最后期限。因此，应该有一个硬实时操作系统，因为硬实时操作系统旨在将时间置于任何其他参数之上。车辆提前计算点到点的准确行程时间。然而，考虑到它在试图满足最后期限时可能造成的损害，我们认为将最后期限置于所考虑的无生命的优先列表中的最低级别（图2）。图2中的优先级列表已被建议避免或尽量减少对生命的损害。优先级列表可能将法律放在首位，以避免任何事故或新危险的产生，其次是避免财产损失，最后是截止期限。最后，自动驾驶汽车应该是软 RTOS。请注意，在这个无生命的优先列表中，其他车辆的选项已被省略，因为它们也可能携带生物。

到目前为止，在本节中，我们已经详细讨论了一般情况的范围，现在让我们讨论一下乘客的存在与否会产生什么影响。

涉及乘客的困境

功利型车辆的想法已经存在一段时间了。当其他选择（显然）可用时故意牺牲自己的生命，这个想法太激进了，无法被公众所接受。对于实际思考的人来说这听起来很奇怪，而在诸如“明天的机器人汽车可能只是被设计来伤害你”[16]之类的文章中听到它就更可怕了。

人类思维模式中的一个主要心理坑洞是，第一次提及时永远不会接受改变。如今的私人车辆完全控制了车主。随着人们开始同时从行人和乘客的角度看待情况，对功利型车辆的看法可能会发生转变。马丁（Martin）等人[8]也提出了这一想法，指出博纳丰（Bonnefon）等人在研究中提出的问题存在缺陷[4]。马丁等人认为，对功利型自动驾驶汽车的两个问题（哪个选项是道德的：杀死行人还是牺牲乘客？他们会购买嵌入了此类算法的汽车吗？）的相互矛盾的回答是由于仅提出了该情况的一方面，换句话说，没有强调这样一个事实，即购买具有非功利算法的自动驾驶汽车的个人在某个时间点也不可避免地成为行人。

开发人员应为驱动软件实施安全安装技术，以便可以防止或立即识别任何篡改

反对这一改变的另一个论点是，目前人们更喜欢他们的私人车辆，就像他们所爱的人一样[17]。自我牺牲的车辆可以被视为被心爱的人背叛。然而，考虑到自动驾驶汽车的商业模式，需要定期软件更新和常规硬件检查，未来自动驾驶汽车很有可能成为交通系统下的可互换单元，类似于你今天预订共享出租车的系统。斯基特（Skeete）[2]用一些更具体的推理来支持这个论点。随着人们开始将他们的观点从个人车辆转移到租赁系统（移动即服务），他们可能会就在自动驾驶汽车中部署一种总体安全性最高的算法达成共识。

从逻辑上讲，自动驾驶汽车可以配置世界一流的安全功能，包括各种有助于减少对乘客伤害的现代技术。这对于在路上行走的生物来说是不可能的。因此，在乘客与行人（任何不在车内的生物）的情况下，选择更倾向于拯救行人。除此之外，这将激励乘客保持警觉，严格遵守他们在自动驾驶汽车内必须遵守的安全预防措施。简而言之，这种情况没有唯一的解决方案。这就像一个迭代过程，当拥有者和开发商达成一致意见时就会成功。政府可以通过法律、政策和条约来监督这一过程。值得一提的是，虽然政府可能会发布条约来建立功利型自动驾驶汽车驾驶软件，但一些私家车主可能会沉迷于非法篡改软件以使其对乘客更友好。因此，开发人员应为驱动软件实施安全安装技术，以便可以立即防止或识别任何篡改。

不涉及乘客的困境

困境中最关键、最有争议的案例是如何在老妇人和蹒跚学步的孩子、残疾人和盲女、当地人和游客之间做出选择。根据一些习惯偏好在两者之间进行选择可能会违反基本的职业道德准则。例如，根据 IEEE 道德规范，其组织下的每个成员都同意公平对待每个人，不参与“基于种族、宗教、性别、残疾、年龄、国籍、性取向、性别认同或性别表达的歧视行为。”[18]计算机协会以及IEEE计算机协会为软件开发人员制定了类似的规则，即他们“应为客户和雇主的最佳利益服务，与公共利益相一致。”[19]

许多人通常建议保持现状，即在遇到困境时拒绝改变自动驾驶汽车的行动方针（即不作为），让两者都受到打击。然而，这似乎比只击中两者之一更糟糕。另一种解决方案可能是允许随机算法选择两者之一。从伦理的角度来看，这也是一个有争议的场景。当有机会使用一种可能的推理算法时，人们不能将某人的生死留给随机决定，该推理可能令人不愉快或不舒服。

在许多情况下，在道德和逻辑两方面都出现的最佳解决方案之一是就危害最小的算法达成一致

有人可能会强调严格的行人和驾驶法规，以避免陷入此类困境。但是，人们不能赋予自动驾驶汽车不受限制的权利来碾压那些违反法律的人。在前面讨论的经典的两个骑自行车的人的例子中，如果自动驾驶汽车选择不戴头盔的骑自行车的人是因为其不遵守交通规则，这将鼓励所谓的街头正义，这通常不被认为是一种健康的做法（甚至在许多司法系统下会受到惩罚）。最有可能的是，不戴头盔的骑自行车的人可能面临重伤，甚至无法在碰撞中幸存下来。相反，如果选择了守法骑自行车的人，就会助长不遵守交通规则的混乱局面，以免成为自动驾驶汽车的目标。

这些对比鲜明的论点，选择哪一个取决于一个国家的法律体系，即法律是支持惩罚和刑罚还是奖励和赞赏。将法律体系与基于习惯的对自动驾驶汽车的伦理学表现出不同意见的研究联系起来[9]，为国家量身定制自动驾驶软件的可能性非常高。这将类似于当前的驾驶规范，其中基本概念在世界范围内保持统一，但可能在国家与国家之间有些许的不同。

这场辩论中的另一个重要论点是是否应该优先选择拯救人类（如果他们处于危险之中）。例如，劳动者的生命不能因为小狗的生命而受到威胁。根据德国关于自动驾驶汽车伦理的法律规定，在与防止人身伤害发生冲突的情况下，必须对算法进行编程以接受对动物或无生命物体的危险[14]。它进一步支持了在不可避免的情况下应该造成最少伤害的论点。然而，它也认可，为了挽救相关人员的生命，损害非相关人员的安全是不合理的。这使我们得出这样的论点，即根据德国的指导方针，不应拉动图1(b)中电车困境中的操纵杆，否则会牵涉到一个无关紧要的个人。

2014年，麻省理工学院媒体实验室启动了一项名为“道德机器”的游戏化实验[9]，参与者代表自动驾驶汽车对此类困境（电车困境的变体）做出决定。这些信息被用来深入了解不同文化的集体道德优先事项，并得出关于在各自文化环境中自动驾驶汽车所被期望的道德的结论。该研究得出的结论是，总的来说，人们选择拯救人类而不是动物，拯救更多生命而不是更少生命，并且优先考虑年轻人而不是老年人。研究表明，大多数人更愿意将图1(a)中的汽车转向老妇人，以救一个蹒跚学步的孩子。同样，如果有选择，那个肥胖的人会被多数人牺牲，如图1(c)所示。

如果我们考虑冒着乘客的生命危险来挽救行人生命的场景，人们可能会争辩说这将导致行人粗心大意，并且不会因为违法而被追究责任。持相反意见的人则认为违反规则的人类应在法庭上被追究责任，如

Right from Wrong. Lon-don: Oxford Univ. Press, 2008.
[4] J.-F. Bonnefon, A. Shariff, and I. Rah-wan, "The social dilemma of autonomous vehicles," *Science*, vol. 352, no. 6293, pp. 1573–1576, 2016. doi:10.1126/science.aaf2654.
[5] P. Lin, "Why ethics matters for auton-omous cars," in *Autonomous driving*, M. Maurer, J. C. Gerdes, B. Lenz, and H. Winner, Eds. Berlin, Heidelberg: Spring-er-Verlag, 2016, pp. 69–85. [Online]. Avail-able: https:/ /link.springer.com/content/pdf/10.1007%2F978-3-662-48847-8.pdf.
[6] J.-F. Bonnefon et al., "Ethics of connected and automated vehicles: Recommendations on road safety, privacy, fairness, explainability and responsibility," European Commission, Brussels, Belgium, 2020. [Online]. Available: https://ec.europa.eu/cip/contact/index_en.htm.
[7] C. I. Hovland and R. R. Sears, "Exper-iments on motor conflict. I. Types of conflict and their modes of resolution," *J. Experimental Psychol.*, vol. 23, no. 5, p. 477, 1938. doi: 10.1037/h0054758.
[8] R. Martin, I. Kusev, A. J. Cooke, V. Baranova, P. Van Schaik, and P. Kusev, "Commentary: The social dilemma of autonomous vehicles," *Front. Psychol.*, vol. 8, p. 808, 2017. doi: 10.3389/fpsyg.2017.00808.
[9] E. Awad et al., "The moral machine experiment," *Nature*, vol. 563, no.7729, pp. 59–64, 2018. doi: 10.1038/s41586-018-0637-6.
[10] T. Fraichard, "Will the driver seat ever be empty?" INRIA, Le Chesnay Cedex, France, Research Rep. RR-8493, Mar. 2014. [Online]. Available:https://hal.inria.fr/hal -00965176.
[11] F. Rosen, *Classical Utilitarianism from Hume to Mill*. Evanston, IL: Routledge, 2005.
[12] Centre for Connected and Autonomous Vehicles, U.K., *Ensuring Safety and Security; Innovation is great: Connected and automated vehicles in the U.K.: 2020 Information Booklet*. Nuneaton, U.K.: HM Government, Oct. 2020. [Online]. Available: https://assets.publishing .service.gov.uk/government/uploads/system/uploads/attachment _data/file/929352/innovation-is-great-connected-and-automated-vehicles-booklet.pdf.
[13] G. Meyer and S. Beiker, *Road Vehicle automation, Human Factors and Challenges*, 3rd ed. Berlin: Springer-Verlag, 2019, vol. 201955.
[14] C. Luetge, "The German ethics code for automated and connected driving," *Philosophy Technol.*, vol. 30, no.4, pp. 547–558, 2017. doi: 10.1007/s13347-017-0284-0.
[15] E. Lorenz, "The butterfly effect," *World Sci. Ser. Nonlinear Sci. Ser. A*, vol. 39, pp. 91–94, 2000. [Online]. Available: https:/ /books.google.co.in/books?hl=en&lr=&id=oIJqDQAAQBAJ&oi=fnd&pg=PA91&d q=E.+Lorenz,+%E2%80%9CThe+butterfly+effect,%E2%80%9D+World+ Sci.+Ser.+Nonlinear+Sci.+Ser.+A,+vol.+39,+pp.+91%E2%80%9394,+2000&ots=_3zRhAX8ag&sig=uID4Sdcl0sp2SoiPhbwAV-QCW _A&redir_esc=y#v=onepage&q&f=false.
[16] P. Lin, "The robot car of tomorrow may just be programmed to hit you," Wired, June 2014. [Online]. Available: https:/ /www.wired.com/2014/05/the-robot-car-of-tomorrow-might-just-be-programmed-to-hit-you/.
[17] D. Neil, "Could self-driving cars spell the end of ownership," *Wall Street J.*, 2015. [Online]. Available:https://www.wsj.com/articles/could-self-driving-cars-spell-the-end-of-ownership-1448986572.
[18] IEEE Policies, "Section 7—Professional Activities (Part A—IEEE Policies), 7.8 IEEE Code of Ethics. [Online]. Available: https://www.ieee.org/about/corporate/governance/p7-8.html.
[19] "Code of ethics," IEEE-CS/ACM Joint Task Force on Software Engineering Ethics and Professional Practices, Washington, D.C., 1999. [Online]. Available: https://www.computer.org/education/code-of-ethics

（本文内容来自Computer, Aug.2021）

Computer

面向提高自动驾驶汽车软件的置信度：交通标志识别系统的研究

文 | Koorosh Aslansefat　赫尔大学
Sohag Kabir, Amr Abdullatif, Vinod Vasudevan　布拉德福德大学
Yiannis Papadopoulos　赫尔大学
译 | 叶帅

本文提出了一种名为 safeML II 的方法，该方法将基于经验累积分布函数的统计距离测量应用于一种设计为人在回路中的程序，以确保自动驾驶汽车软件中基于机器学习的分类器的安全性。

人工智能（AI）的兴起和技术的进步为自动驾驶汽车等自动驾驶系统进入我们的日常生活铺平了道路。这种系统有可能产生巨大的社会和经济影响。例如，Waymo安全报告[1]中提到的，当人类司机参与驾驶时，2016年全球约有135万人因交通事故丧生，每年因交通事故造成的人员伤亡损失达8360亿美元。对于每个人，都有67%的机会卷入酒驾事故。在美国，94%的车祸涉及人为选择或失误。因此，可靠的自动驾驶汽车可以通过消除人为驾驶来减少交通事故的数量，从而挽救生命并减少经济损失。

自动驾驶汽车越来越多地被赋予自主决策权，当在人类附近执行安全关键任务时，它们可以自主做出自己的决定并采取最少的人为干预的行动。为了做到这一点，自动驾驶汽车必须与其他车辆、路边基础设施（例如交通标志）、智能交通信号灯系统等进行合作。因此，使用人工智能和机器学习（ML）这样的系统能够不断从其操作中学习并进行动态重新配置，以响应诸如组件或子系统的意外故障、操作环境的持续变化、可变工作负载和物理基础设施等变化。对于软件密集型、支持人工智能的自适应自主系统来说，所面临的一个关键挑战是需要为系统安全性和可靠性提供保证。

对于传统的非自治系统，通过设计和开发活动提供保证，包括验证、确认、测试、符合标准和认证。安全保证通常通过定义安全目标的安全论证来提供，并且目标值得相信的理由是根据各种假设设计的。这些假设可能包括诸如故障语义和硬软件组件的故障率、操作环境、操作人员响应事件的效率等方面[2]。物理系统及其操作环境在运行中受到监控，以查看是否违反了这些安全假设中的任何一个，从而通知用户有关保证的潜在变化，并采取必要的措施。例如，在汽车中，当类似硬件的传感器中的瞬态错误影响巡航控制等软件的功能时，错误检测单元（监控功能）可以检测到错误并通过适当的警告来降低系统性能，并允许驾驶员接管。因此，监控知识的完整性在提供准确的运行时间保证方面起着至关重要的作用。

对于通过机器学习/人工智能组件收集重要证据的自主系统来说，持续保证条款的问题更加复杂。由于这些组件的黑箱特性，对这些组件提供的证据的置信度将直接影响对整体保证的置信度。例如，自动驾驶汽车中基于机器学习的交通标志识别（TSR）系统，该系统负责识别不同的交通标志，从而帮助确保安全驾驶。用于自动驾驶汽车的TSR有几个缺点，Magnussen等人[3]对这些缺点进行了调查。在某些情况下，从TSR收到的证据或者输入可能具有误导性。如果在提供安全保证时考虑到这一误导信息，很有可能会提供虚假保证，导致自动驾驶汽车在虚假保证下驾驶。在最坏的情况下，这可能导致灾难性事故的发生。因此，提高自动驾驶汽车中此类软件组件输出的置信度非常重要。

为了用自动驾驶汽车软件(尤其是TSR)解决这一问题，我们提出了一种名为“SafeML II”的新方法，该方法具有以下特点：

（1）它使用修改过的最先进的经验统计距离度量来确保基于机器学习的TSR系统的安全，并且可以使用各种分布函数，尤其是指数族。

（2）SafeML II函数中实现的引导p值计算提高了其结果的准确性和有效性。

（3）它采用了人在回路中的程序，可以使用人类智能并避免灾难性事故。

（4）它是一种与模型无关的方法，可用于各种机器学习和深度学习分类器。

通过德国交通标志识别基准（GTSRB）数据集的应用，说明了该方法的有效性。

AI/ML在汽车领域的安全保障挑战

2011年，国际标准化组织（ISO）提出了ISO 26262标准来规范道路车辆的功能安全。它包括汽车制造从概念阶段到运营和服务的整个生命周期的要求和建议。ISO 26262的主要目的是帮助汽车行业更系统地解决功能性安全问题。但是，由于ISO 26262的第一个版本是在人工智能蓬勃发展之前发布的，所以它的定义没有考虑机器学习。对于决心将机器学习用于自动驾驶汽车的汽车制造商和供应商而言，这最终导致了今天的一个具有挑战性的问题。因此，ISO 26262标准建议的传统安全保证方法不足以或不适用于机器学习[4]的保证。Salay等人[5]对ISO 26262第6部分中关于机器学习模型安全性的方法进行了分析。他们对软件安全方法对机器学习算法（作为软件单元设计）适用性的评估表明，约40%的软件安全方法不适用于机器学习模型。

人工智能界最近发表了几篇关于“人工智能安全”[6]问题的论文。其中一篇较有影响力的论文[7]指出了“人工智能的具体问题”，根据这篇论文，自动驾驶汽车的人工智能安全问题可以分为五个领域：

（1）安全的探索。

（2）可扩展的监督。

（3）避免“reward hacking”和“write heading”。

（4）避免负面影响。

（5）对分布转移的鲁棒性。

文章提出，要努力确保自动驾驶汽车中机器学习组件的安全性并提高其安全性能。例如，已经描述了安全关键应用中机器学习模型的安全保证过程，重点是明确定义机器学习组件相对于整个系统[8]的安全要求。该方法已通过应用于自动驾驶汽车中的行人检测系统进行了说明。

2019年，Kläs等人[9]强调了数据集中的分布偏移，并提出了一种基于威尔逊方法的不确定性包装器，用于计算置信区间。在没有报告任何实验或数值结果的情况下，对GTSRB例子解释了概念思想。在其他研究中，他们改进了之前的方法，考虑了额外的输入，如降雨量、风向、风速和车辆方向对TSR[10,11]置信度结果的影响。一年后，他们提出了一个用于数据处理模型及其数据流生成不确定性包装器的框架[12]。这三项研究工作的缺点是，在测量置信度后缺乏安全机制。在SafeML方法[13]中，有三种不同的场景：

（1）重复测量或请求额外的数据。

（2）提供一种人在回路中的程序。

（3）基于经验累积分布函数（ECDF）的统计距离度量来考虑信任机器学习决策并提供置信度报告。

SafeML方法无法处理图像，特别是对于基于卷积神经网络（CNN）的分类器，更重要的是，在程序中缺乏对统计距离度量的p值的考虑可能会导致错误的决定。换句话说，在某些情况下，存在统计距离，但其基于无效的关联p值，不应将其考虑用于置信度评估。在SafeML II中，基于ECDF的统计距离度量函数已通过基于引导程序的p值评估得到改进。这意味着在SafeML II的置信度评估中，仅考虑具有有效p值的测量统计距离值，其他的将从列表中删除。此外，通过将图像转换为扁平矢量，SafeML II能够进行基于像素的ECDF统计距离测量，并生成将在下一节中解释的置信度。

［假设数据集覆盖了大多数情况，数据集标注已经完成，数据集相对均衡］

机器学习安全方法

在本文中，我们扩展了SafeML[13]的最初想法，提出SafeML II用于基于图像的分类问题和处理数据中的异常值。图1（a）说明了SafeML II的流程图。它有两个主要阶段：训练阶段（离线阶段）和应用阶段（在线阶段）。在训练阶段，程序从加载可信数据集开始。假设数据集覆盖了大部分情况，数据集标注已经完成，数据集相对均衡。加载可信数据集后，分类器将使用这些数据进行训练，并对其性能进行评估。在程序的这一部分，还应考虑交叉验证和可解释性的标准方法。如果分类器的准确率和可解释性足够高（例如超过95%的准确率），则将选择分类器并进行下一步。否则，将需要其他分类器甚至数据细化来达到一定的准确率。选择合适的分类器后，将存储每个类中每个特征的统计参数，包括累积分布函数、均值和方差，以用于下一阶段的比较。

在应用阶段，会有一个缓冲区来收集足够的样本。缓冲区大小应在设计时由专家定义，以便收集的数据包含该类的统计特征。请注意，这些即将到来的数据没有标记。收集到足够的样本后，将使用上一阶段训练和测试的分类器，并根据其决策对数据进行标记。基于分类器决策，将收集缓冲数据的统计参数，并通过基于ECDF的统计距离度量的训练数据集进行比较。例如Kolmogorov–Smirnov（KS），Kuiper（K），Anderson–Darling（AD），Cramer–Von Mises（CVM）和Wasserstein（W）[14]。此外，在设计时，应该为每个统计距离度量定义一个预期的置信阈值。根据上述比较计算置信水平，并再次与预期置信阈值进行比较。我们考虑了三种不同的场景：

（1）当置信度略低于阈值时，系统应收集更多的数据。

（2）当置信度与预定义的阈值相比有很大差异时，则假设分类器之前没有看到即将到来的数据，并应考虑人在回路中的程序。

（3）当置信度高于预定义的阈值时，将接受分类器的结果，并将统计比较的报告存储在系统中。

为了更好地理解这个概念，我们使用了图1（b）中的示例。在这个例子中，假设有一个自动驾驶汽车和基于机器学习算法的TSR的车辆软件中的特定模块。ML算法的主要任务是从车辆的嵌入式摄像头中分类即将出现的图像，并根据查找表生成所需的动作以在控制单元中使用。它可以是简单的刹车或加速命令。主要问题是“如何确保决策始终正确？”SafeML II的想法可以解决这个问题。例如，假设在路上有一个80km的标志，车辆的嵌入式摄像头可以读取它。大多数情况下，它应该是清晰的图像，但在极少数情况下，例如相机出现故障、大雨、大雾或网络攻击，图像可能不清晰。在这种罕见的情况下，SafeML II可以将图像与可信数据集进行比较并创建置信度。对于置信度非常低的情况，这意味着是训练过的机器学习算法未见过的输入，最好由驾驶员（人在回路中的程序）来处理。在Amazon Zoox等没有车轮控制的自动驾驶汽车中，建议由控制中心的人工智能远程控制汽车。需要指出的是，所需的反应时间和将人纳入回路的可能性可能是未来需要研究的另一个课题。当置信度低时，SafeML II可能会要求更多的数据或与周围的汽车进行通信以增加置信度。如果置信度高并且即将生成的图像在统计上与可信数据集相似，则可以接受决策。具有高置信度的决策，将生成所需的控制命令以发送到主控制单元。所有置信报告都应存储在系统中以用于系统改进。

置信水平将根据上述比较计算，并再次与预期置信阈值进行比较

数值结果

在本节中给出了GTSRB数据集[15]的数值结果，将所提出的方法与文献中已有的方法进行了比较。该数据集于2011年发布，包括43个不同的交通标志。数据集是不平衡的，某些类别的样本数量可能比其他类别多。关于交叉验证方面，使用hold-out方法将80%的数据用于训练，20%用于验证。需要注意的是，数据集有一个单独的文件夹用于存放测试数据。

如前文所述，SafeML II是一种与模型无关的方法，不用在意其结构如何，可以在任何机器学习分类器之上使用。在本文中，使用深度CNN分类器是因为它在图像分类方面享有盛誉。以下结构用作CNN的配置：输入有一个2D卷积层（Conv2D），过滤器大小为32，内核大小为5×5，relu激活函数。第二层是另一个2D

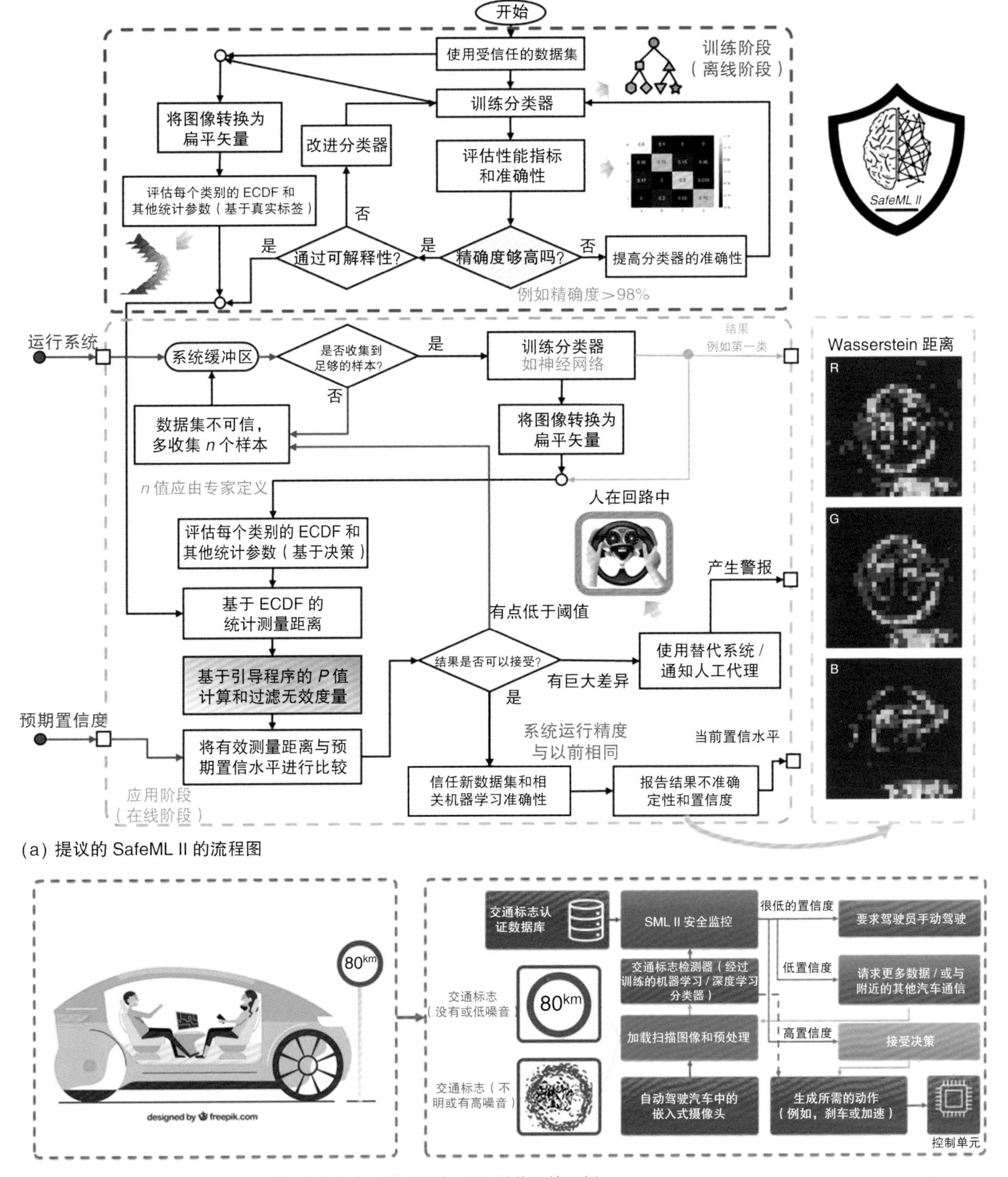

(a) 提议的 SafeML II 的流程图

(b) 将 SafeML II 用于自动（自动驾驶）汽车及其交通标志识别单元的示例

图1　SafeML II流程图和应用程序框图

卷积层，过滤器大小为64，内核大小为3 × 3，relu激活函数。然后，使用大小为2 × 2的最大池化层和速率为0.25的dropout层。之后，添加了另一个过滤器大小为64、内核大小为3 × 3和relu激活函数的2D卷积层。再应用上一个大小为2 × 2的最大池化和一个速率为0.25的dropout层。使用大小为256的扁平密集层和具有0.5%丢失率的relu激活函数。最后，对于输出，考虑了一个大小为43的密集层和Softmax激活函数。此外，在训练过程中使用了自适应矩估计（ADAM）优化器和交叉熵损失函数。

使用此配置，CNN分类器在测试数据集上的性能为0.9797。下一步是检查所达到的精度是否足够高。在SafeML的第一个版本中没有考虑这一部分，当离线阶段选择较差的分类器时，这可能会降低本文方法的精度。在分类器较差的情况下，应该重复循环，直到达到一定程度的准确性为止。还可以考虑可解释性方法，以确保经过训练的分类器行为合理并专注于图像的正确部分。假设达到的准确度水平对于安全专家来说是可以接受的，每个类别的图像将被分离为红、绿、蓝（RGB）矩阵，并相应地转换为扁平矢量。由于每张图像的大小为30 × 30，因此等效矢量大小为1 × 900。每个类别的ECDF将被生成并存储以供下一阶段使用。在线阶段中，缓冲区大小被认为是15。在实际场景中，缓冲区大小应由安全专家和设计人员定义。由于没有实时数据，测试数据被视为即将到来的数据，我们看看所提出的方法将如何对错误的决策做出反应。为了获得更好的可视化效果，选择了第三类。该类与60km限速标志相关，训练数据集中有1410张图片，测试数据集中有450张图片。对于该标志的错误分类，可以考虑多种风险，如车速较低堵塞道路或车速较高增加撞倒行人的可能性。每个类别的错误分类的相关风险可以在单独的研究中进行调查。该类分类器的准确率是0.9655。换句话说，435张图像被正确检测，但15张图像被检测为其他类别。基于SafeML Ⅰ程序，测试图像的RGB矩阵被转换为扁平矢量，并生成了它们的ECDF。此外，使用基于ECDF的统计距离度量，例如KS、K、AD、CVM和W，将获得统计距离。SafeML的第一个版本将跳转到统计距离度量与预定义的预期置信度阈值之间的比较。但是，在SafeML Ⅱ中，使用具有1000次迭代的引导算法来获取p值并验证度量，因此，p值小于0.05的度量值将被存储，其他度量值将被省略。经过验证的统计距离测量可以与预期的置信水平进行比较。应该注意的是，对于每个基于ECDF的统计距离度量，都应该有一个由安全专家预定义的特定预期置信阈值。如果距离度量高于预定义的阈值，则接受并信任机器学习分类器的决定。此外，统计距离测量的报告将储存在数据库中，供系统的进一步发展使用。在统计距离度量比预定义阈值低5%的情况下，系统可能会要求提供更多数据。还应该提到的是，在这种情况下，自动驾驶汽车可以使用其他现有的信息来源来验证决策。例如，自动驾驶汽车可以与附近的车辆通信，或者使用GPS和预加载的地图数据。上述的百分比也可以根据安全专家和系统设计人员的意见进行调整。目前，还没有公布的标准来定义这些级别，但在未来，这些参数可以根据公布的标准来定义。最坏的情况是统计距离度量与预期阈值有很大不同，这意味着分类器没有看到即将到来的数据，因此存在漏分类的风险。SafeML Ⅱ的想法是将人置于回路中并要求驾驶员做出决定，假设驾驶员有足够的时间做出决定。但是也可能存在某些时间限制而无法使用SafeML Ⅱ的情况。如前所述，对于不具备车轮驱动能力的自动驾驶汽车，建议由控制中心的人工代理远程控制汽车。图2的第一行说明了图像RGB部分的60km交通标志（第3类）

的Wasserstein距离测量值。可以看出，图像的中间部分在三种颜色层中有更多的统计差异。此外，与图像的红色和绿色部分相比，图像的蓝色部分的统计距离更小。可以看出，在第一层中，使用了以前版本的SafeML，它缺少基于p值的距离验证，而在第二行中使用SafeML II，它具有嵌入的p值距离验证。比较图2的第一行和第二行，很明显SafeML II具有更好的统计距离表示，并且没有捕捉到标志的背景区域。该图的第三行显示了分类器正确检测到标志的样本图像，而第四行显示了分类器无法正确检测到标志的样本图像。不过，人类仔细观察，似乎也能察觉到。因此，在这些情况下，回路中的人可以帮助系统做出正确的决策，并进行学习以便在未来做出更好的决策。人工智能系统可以被认为是一个需要与人类并行工作的有才华和聪明的孩子，随着时间的推移而变得成熟。该图还演示了如何为图像中的单像素计算基于ECDF的WD。

在图2中，展示了SafeML如何用于基于图像的分类问题，以及它如何在错误预测和真实情况之间提供统计表示和解释。还表明对于考虑p值可以改进统计解释（图2的第二行）。图3的(a)到(d)说明了将SafeML的四种基于ECDF的距离度量应用于两个不同数据集的结果差异。可以看出，KS距离度量的是两个ECDF之间的最大值。KS距离无法检测哪个ECDF具有更高的值，而Kuiper距离可以测量最大值的上下限。在两组具有相同平均值和不同方差（如螺旋形和圆形基准）的情况下，Kuiper距离比KS距离具有更好的度量。如图3(c)所示，WD可以以某种方式计算两个ECDF之间的面积。因此，WD对分布几何形状的变化更加敏感。CVM距离具有与WD相似的功能，并且可以执行得更快。如果我们减少CVM算法中的步长，结果将更接近WD算法。有关ECDF距离度量的更多详细信息，请参阅Aslansefat[17]。图3(e)提供了真实准确度、SafeML II估计准确度与Kläs等人[9]的Wilson区间置信度（WIC）之间的比较。对于WIC，z分数选择为3.29053以便获得99.99%的置信水平。WIC通常同时提供上限和下限。为了确保最大安全水平，仅考虑下限。从GTSRB现有的43个等级中，选择了五个与安全相关的等级进行比较。结果表明，在大多数情况下，基于WD的精度估计误差较小。但在两种情况下，WD算法不成功：对于第11类（Cross Road Ahead），AD估计误差较小，对于第13类（Yield），低频段WIC具有更好的精度。需要注意的是，WD、CVMD和AD并不总是限定在0和1之间。但是，根据我们的实验，它们总是与精度相关。为了明确p值考虑的影响，我们选择WD算法作为GTSRB的最佳性能度量，并将其有p值考虑和没有p值考虑的结果与真实精度进行比较，如图3(f)所示。最初的SafeML[13]在基于特征的数据集上是成功的。然而，我们的实验表明它并不总是成功的。例如，在GTSRB中，未考虑p值的WD测量未能检测到真正的精度变化，而考虑p值的WD测量则是成功的。通常，使用基于ECDF的距离度量并考虑p值更可靠且噪声更小，尤其是当结果用于统计可解释性目的时。

在本文中，我们只关注TSR，这个想法可以与自动驾驶汽车软件的其他安全相关部分集成，以涵盖更广泛的安全视角。例如，解释了如何构建一个集成的安全模型并考虑自动驾驶汽车协同操作场景的不同组件[18]。SafeML II的结果可以作为该工作中所建议的安全模型的输入，以提高所提供保证的可信度。应该注意的是，SafeML II概念有一些局限性。例如，它只能与机器学习分类器一起使用，而将SafeML II概念用于预测和回归算法仍然是一个开放的研究问题。此外，我们目前正在研究数据集的哪些特定特征可以在运行

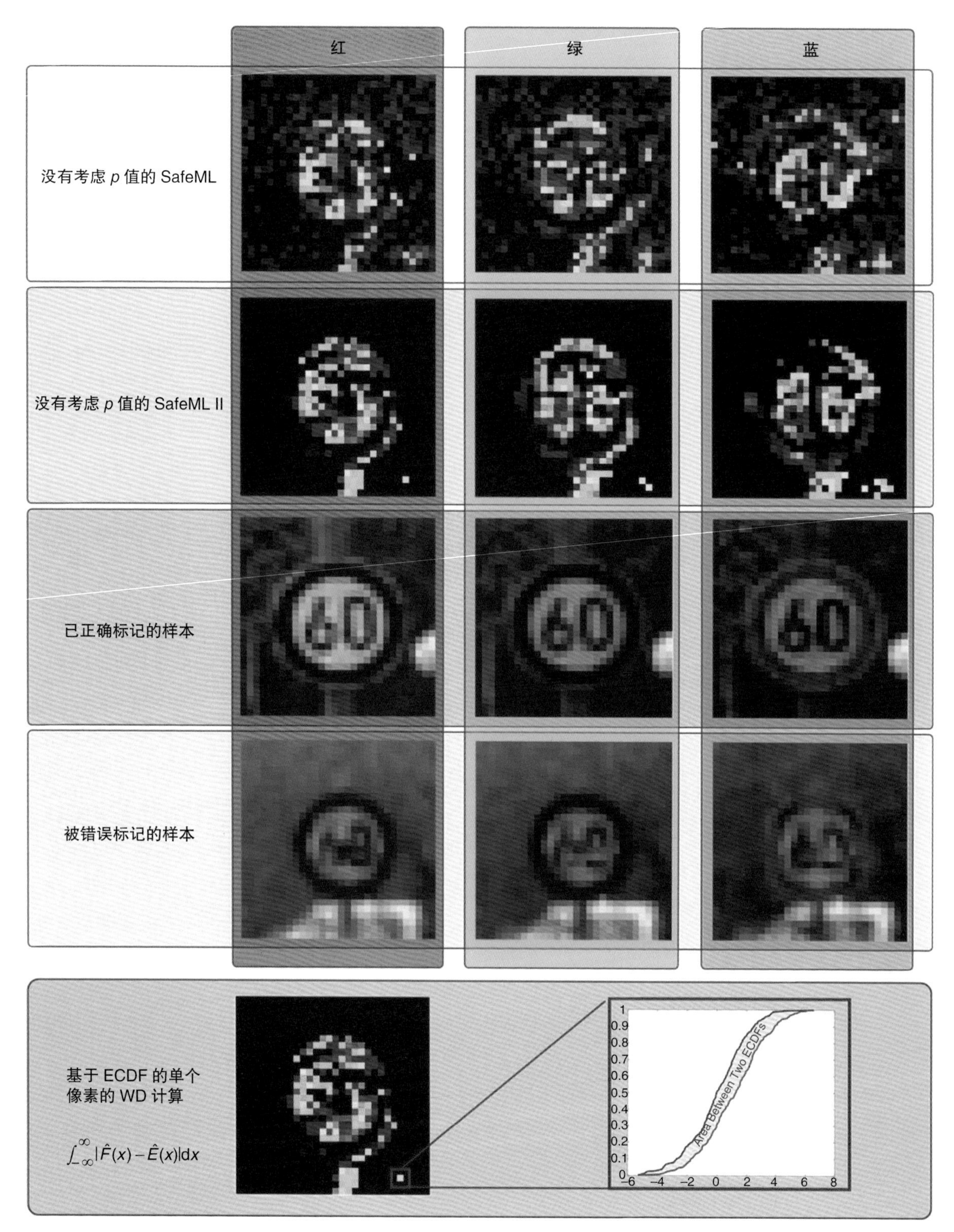

图2　使用Wasserstein距离并考虑p值的SafeML II示例结果（第3类）

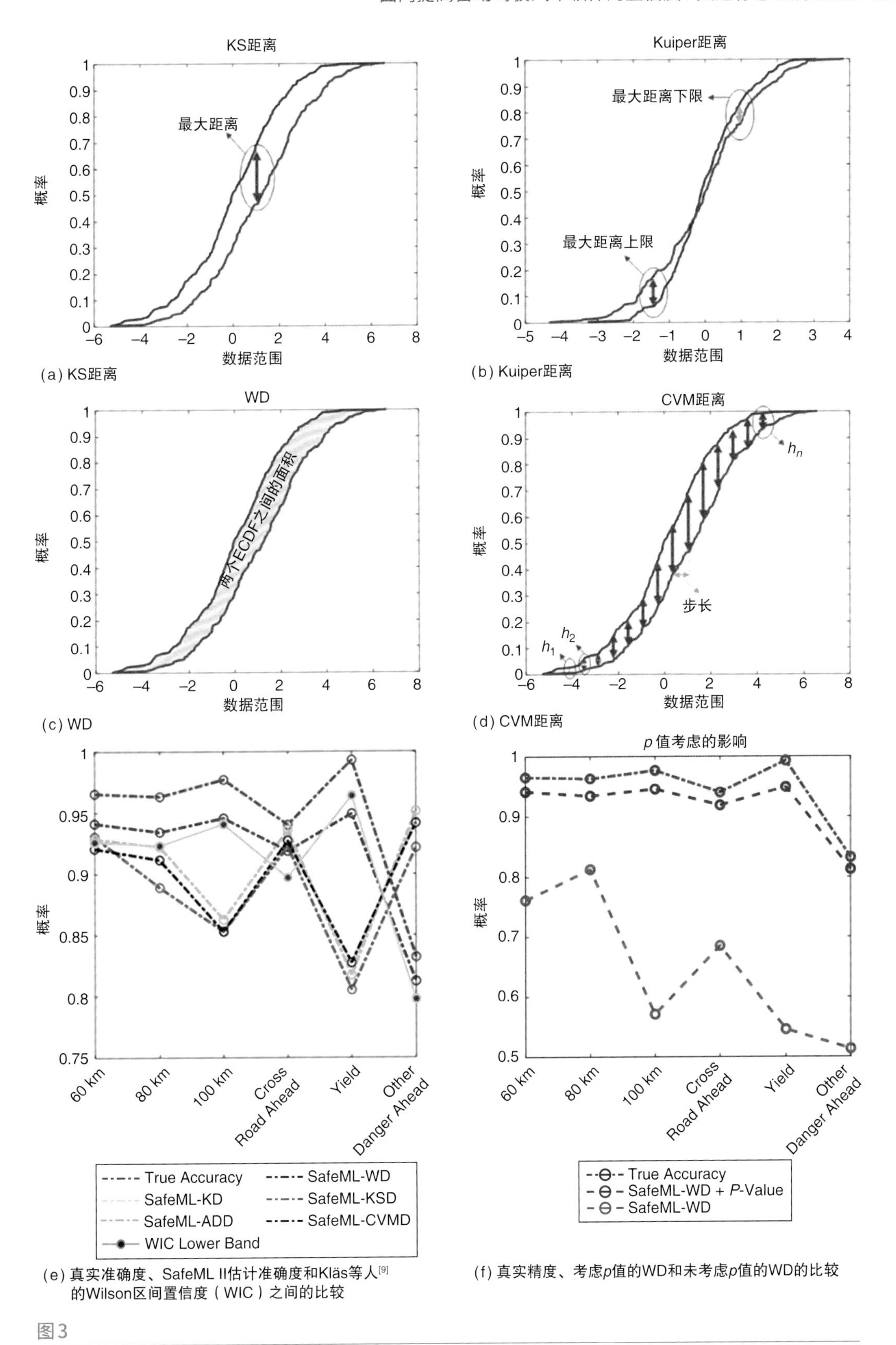

(a) KS距离

(b) Kuiper距离

(c) WD

(d) CVM距离

(e) 真实准确度、SafeML II估计准确度和Kläs等人[9]的Wilson区间置信度（WIC）之间的比较

(f) 真实精度、考虑p值的WD和未考虑p值的WD的比较

图3

时产生更好的基于ECDF的统计精度估计。由于缓冲技术的使用，在一些对时间要求严格的应用中，所提出的方法可能无法在很短的时间内有效地处理数据的突然转移。一般来说，对于安全关键型系统，限制可能由数据突然转移引起的不安全决策和操作的可能性是至关重要的。跟踪传入数据突然变化的一个潜在解决方案是使用软聚类模型[19]，它提供了一种通过直接从模型计算变化的自然度量来评估变化的方法。此外，在本文中，我们介绍了与模型无关的SafeML版本，在这个版本中，我们无法深入了解任何机器学习/深度学习算法。在我们未来的研究工作中，我们将研究出SafeML的特定模型版本，到时将能够利用CNN的中间层来避免像素级对齐要求。

人工智能在各个应用领域的快速增长，尤其是在自动驾驶汽车软件方面，引发了不同角度的担忧，例如，人工智能安全性、人工智能责任、人工智能可解释性和解释能力、人在回路中的人工智能和人工智能可信度。本文讨论了分布转移问题及其对自动驾驶汽车软件中机器学习或深度学习分类任务的安全性的影响。本文通过扩展SafeML来改进其在人在回路中的程序和基于ECDF的统计距离度量方面的能力，并以一种与模型无关的方式将它们应用到基于图像的分类算法中，从而提出了SafeML II。SafeML II使用基于引导程序的p值计算改进了基于ECDF的统计距离测量函数。提出的SafeML II方法在本质上是通用的，因此，我们相信它可以与传统的安全保证方法相结合，使它们能够为机器学习/人工智能模型提供保证，并增加对所提供保证的信心。

代码可用性

关于研究的重现性，支持本文的代码和功能在线发布在GitHub：https://github.com/ISorokos/SafeML。

致谢

这项工作得到了安全与安全多机器人系统（SESAME）H2020项目的支持，资助协议为101017258（www.sesame -project.org）。

参考文献

[1] N. Webb et al., “Waymo’s safety methodologies and safety readiness determinations,” 2020, arXiv:2011.00054.

[2] S. Kabir and Y. Papadopoulos, “Computational intelligence for safety assurance of cooperative systems of systems,” *Computer*, vol. 53, no. 12, pp. 24–34, 2020. doi: 10.1109/MC.2020.3014604.

[3] A. F. Magnussen, N. Le, L. Hu, and W. E. Wong, “A survey of the inadequacies in traffic sign recognition systems for autonomous vehicles,” *Int. J. Performability Eng.*, vol. 16, no. 10, pp. 1588–1597, 2020. doi: 10.23940/ijpe.20.10.p10.15881597.

[4] Q. Rao and J. Frtunikj, “Deep learning for self-driving cars: Chances and challenges,” in *Proc. 1st Int. Workshop on Softw. Eng. AI Autonomous Syst.*, 2018, pp. 35–38. doi: 10.1145/3194085.3194087.

[5] R. Salay, R. Queiroz, and K. Czarnecki, “An analysis of iso 26262: Using machine learning safely in automotive software,” 2017, arXiv:1709.02435.

[6] P. Domingos, “A few useful things to know about machine learning,” *Commun. ACM*, vol. 55, no. 10, pp. 78–87, 2012. doi: 10.1145/2347736.2347755.

[7] D. Amodei, C. Olah, J. Steinhardt, P. Christiano, J. Schulman, and D. Mané, “Concrete problems in AI safety,” 2016, arXiv:1606.06565.

[8] L. Gauerhof, R. D. Hawkins, C. Picardi, C. Paterson, Y. Hagiwara, and I. Habli, “Assuring the safety of machine learning for pedestrian detection at crossings,” in *Proc. 39th Int. Conf. Comput. Safety, Reliabil. Security (SAFECOMP)*,

关于作者

Koorosh Aslansefat 赫尔大学计算机科学与技术系博士生。主要研究方向为人工智能、马尔可夫建模、性能评估、优化和随机建模。获得沙希德贝赫什迪大学控制工程专业理学硕士学位。IEEE成员。联系方式：k.aslansefat-2018@hull.ac.uk。

Sohag Kabir 布拉德福德大学工程与信息学院助理教授。研究兴趣包括基于模型的安全评估、概率风险和安全分析、容错计算，以及随机建模和分析。获得赫尔大学计算机科学博士学位。联系方式：s.kabir2@bradford.ac.uk。

Amr Abdullatif 布拉德福德大学工程与信息学院助理教授。研究兴趣包括机器学习、基于机器学习的系统的安全保证、预测诊断和数据流的在线学习。获得热那亚大学计算机科学与系统工程博士学位。联系方式：a.r.a.a.abdullatif@bradford.ac.uk。

Vinod Vasudevan 布拉德福德大学工程与信息学院博士生，目前在捷豹路虎担任首席工程师。研究兴趣包括机器学习、安全性/弹性和自动驾驶汽车的认证。获得威尔士大学工商管理硕士学位。联系方式：v.vasudevan@bradford.ac.uk。

Yiannis Papadopoulos 赫尔大学计算机科学与技术系教授。研究兴趣包括数字艺术和哲学的各个方面及其与科学的互动。获得约克大学计算机科学博士学位。联系方式：y.i.papadopoulos@hull.ac.uk。

Springer Nature, 2020, pp. 197–212. doi: 10.1007/978-3-030-54549-9_13.

[9] M. Kläs and L. Sembach, "Uncertainty wrappers for data-driven models," in *Proc. Int. Conf. Comput. Safety, Reliabil., Security*, Springer, 2019, pp. 358–364. doi: 10.1007/978-3-030-26250-1_29.

[10] L. Jöckel, M. Kläs, and S. Martínez-Fernández, "Safe traffic sign recognition through data augmentation for autonomous vehicles software," in *Proc. 2019 IEEE 19th Int. Conf. Softw. Quality, Reliabil. Security Companion (QRS-C)*, pp. 540–541. doi: 10.1109/QRS-C.2019.00114.

[11] L. Jöckel and M. Kläs, "Increasing trust in data-driven model validation," in *Proc. Int. Conf. Comput. Safety, Reliabil., Security*, Springer, 2019, pp. 155–164. doi: 10.1007 /978-3-030-26601-1_11.

[12] M. Kläs and L. Jöckel, "A framework for building uncertainty wrappers for AI/ML-based data-driven components," in *Proc. Int. Conf. Comput. Safety, Reliabil., Security*, Springer, 2020, pp. 315–327. doi: 10.1007 /978-3-030-55583-2_23.

[13] K. Aslansefat, I. Sorokos, D. Whiting, R. T. Kolagari, and Y. Papadopoulos, "SafeML: Safety monitoring of machine learning classifiers through statistical difference measures," in *Proc. 7th Int. Symp. Model-Based Safety and Assessment*, Springer Nature, 2020, vol. 12297, pp. 197–211. doi: 10.1007/978-3-030-58920-2_13.

[14] M. M. Deza and E. Deza, "Distances in probability theory," in *Encyclopedia of Distances*. Berlin: Springer-Ver-lag, 2009, pp. 1–583.

[15] German traffic sign recognition benchmarks. https:// benchmark.ini.rub.de/ ?section=gtsrb (accessed Jan. 20, 2021).

[16] E. Gilleland, "Bootstrap methods for statistical inference. part ii: Extreme-value analysis," *J. Atmospheric Oceanic Technol.*, vol. 37, no. 11, pp. 2135–2144, 2020. doi: 10.1175/ JTECH-D-20-0070.1.

[17] K. Aslansefat. "How to make your classifier safe." Towards Data Science, 2020. https://towardsdatascience.com/ how-to-make-your-classifier-safe -46d55f39f1ad (accessed Jan. 20, 2021).

[18] S. Kabir et al., "A runtime safety analysis concept for open adaptive systems," in *Proc. Int. Symp. Model-Based Safety Assessment*, Springer, 2019, pp. 332–346. doi: 10.1007 /978-3-030-32872-6_22.

[19] A. Abdullatif, F. Masulli, and S. Rovetta, "Clustering of nonstationary data streams: A survey of fuzzy partitional methods," *Wiley Interdisciplinary Rev., Data Mining Knowl. Discovery*, vol. 8, no. 4, p. e1258, 2018. doi: 10.1002/ widm.1258.

（本文内容来自 Computer, Aug. 2021）

Computer

云、雾或者边缘：在哪里计算？

文 | Dragi Kimovski, Roland Matha, Josef Hammer, Narges Mehran,
Hermann Hellwagner, Radu Prodan　克拉根福大学信息技术研究所
译 | 叶帅

互联计算通过在靠近位于网络边缘数据源的地方使用节能和低延迟设备来扩展高性能的云数据中心。然而，互联计算的异构性提出了与应用管理相关的多重挑战。其中包括将应用软件从云端卸载到边缘，以满足其计算和通信需求。为了支持这些决定，我们在本文中提供了一个详细的性能和碳足迹分析，该分析针对的是一些所选择的应用程序用例，这些用例在实际的评估测试平台上具有互补的资源需求。

随着雾和边缘计算的出现，人们预测它们将大规模取代传统的云来进行信息处理和知识提取。尽管雾和边缘计算具有巨大的潜力，但是这些预测可能过于简化，错误地描述了雾、边缘和云计算之间的关系。具体来说，雾和边缘计算作为云服务对数据源的扩展而引入，从而形成互联计算。

互联计算能够跨越分布式基础设施创造一种新型服务，为自动驾驶汽车、智能城市、内容交付等应用提供服务。（事实上）“遥远的”的云数据中心很难满足这些应用大量的需求。例如，它们可能需要低延迟连接来靠近数据源进行快速决策，并需要大量计算资源来进行复杂的数据分析。互联计算提供了计算和通信资源的巨大异构性，有潜力满足这些需求。

互联计算的异构性带来了多个应用程序管理方面的挑战，例如在何处将应用程序从云卸载到雾中或边缘。这些问题主要涉及设备的多样性，从单板机（如树莓派）到强大的多处理器服务器。这给许多从业者和研究人员带来了以下两难问题。

我们应该使用低延迟和资源可用性有限的设备，还是使用以高通信延迟为代价的高性能云？

要回答这个问题，必须确定资源的性能特征。现有文献[1,2]包括DeFog基准套件在内，通过对云服务和某种程度上的边缘基础设施进行性能分析来解决这个问题。然而，这些方法有以下缺点：

（1）孤立地考虑边缘和云资源。

（2）只提供性能的定量分析，不提供卸载建议。

（3）评估有限数量的设备。

（4）在执行应用程序时，不考虑二氧化碳排放对环境的影响。

在本文中，我们对整个互联计算中资源的二氧化碳排放进行了性能表征和分析。我们的主要目标是通过考虑应用程序的特性来支持将应用程序卸载到雾或边缘资源的决策过程。为此，我们部署了一个真正的测试平台，名为卡林西亚互联计算（C^3），它聚集了大量的异构资源。我们的分析基于行业和研究广泛使用的三个互补应用：视频编码、机器学习和内存数据分析。最后，我们提供了在互联计算中何处计算应用程序的建议。

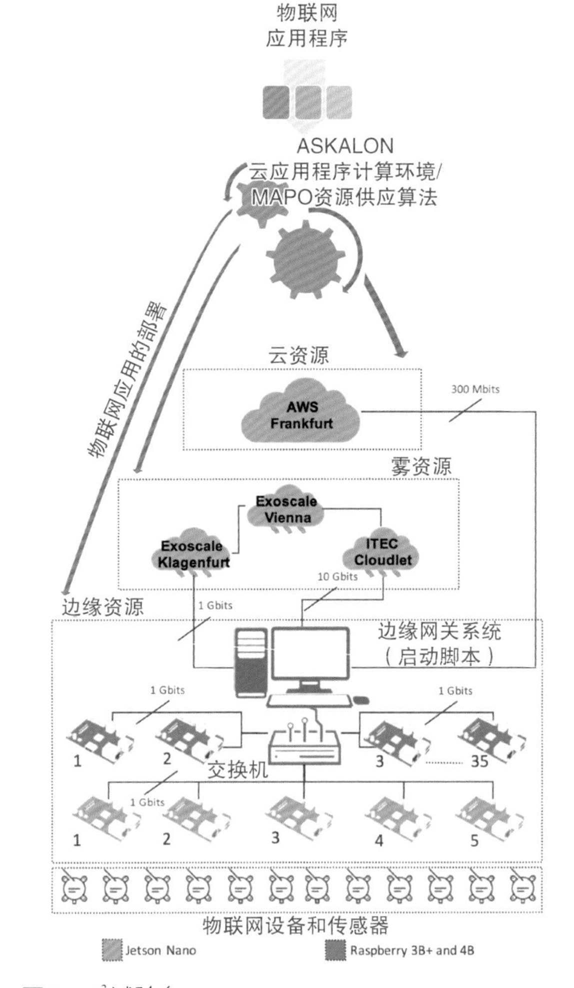

图1　C^3试验台

卡林西亚互联计算

图1描述了卡林西亚互联计算的顶层视图。C^3测试平台包括一组异构资源，分布在不同的控制域，包括公共服务提供商，如Exoscale云（https://www.exoscale.com）和亚马逊网络服务（AWS）以及研究机构如克拉根福大学（https://itec.aau.at）。我们利用ASKALON云应用程序计算环境[6]和MAPO资源供应算法[5]在C^3测试平台上部署应用程序。此外，我们使用了一个引导脚本来自动配置测试床中的资源（https://github.com/josefhammer/c3-edge）。表1总结了C^3试验台的资源特征。

我们将C^3试验台中的资源分为三层：云层、雾层和边缘层。

云层

云层是C^3试验台的最上面一层，包含整合在大型数据中心中的高性能资源，并按需作为虚拟机实例提供。由于C^3试验台位于克拉根福（Austria），我们与位于法兰克福的地理位置最近的欧洲AWS云数据中心进行了补充（Germany）。

我们基于x86-64体系结构仔细地选择了三种实例类型，它们为C^3测试平台提供了计算、内存和网络资源的平衡，适用于广泛的应用程序集：通用（t2.micro）和计算优化（c5.large and m5a.xlarge）。

雾层

雾层包括整合在靠近数据源的小型数据中心的计算基础设施。这一层包含来自 C^3 测试平台中的两个供应商的资源[4]：Exoscale和克拉根福大学。由于具有较低的往返通信延迟（≤7 ms）和较高的带宽（≤10 Gb/s），我们将这些供应商分配到雾层。Exoscale云包括维也纳和克拉根福（Austria）的数据中心。我们从Exoscale云产品中选择了三个计算优化的x86-64实例：小型、中型和大型。克拉根福大学提供了一个由OpenStack v13.0和Ceph v12.2运行的私有云基础设施，其中有一个计算优化的实例类型，如表1所示。

边缘层

这一层包含边缘资源，例如直接连接到物联网设备和传感器的单板计算机。边缘网关系统（EGS）控制边缘层，并且是该层上其他可用资源的入口点。EGS支持10Gbit/s以太网、双频PCIe WiFi 5（802.11ac）和150 Mbit/s LTE 2 600-MHz连接。三层的HP Aruba交换机通过48个1Gbit/s的端口将EGS与单板计算机连接，延迟3.8μs，总数据传输速率为104 Gbit/s。缘层还包含35个基于Raspberry Pi 3B 或者 Pi 4B的物理节点。此外，实验台还包含5台Jetson Nano设备，每台设备都配备了通用GPU。边缘层有1Gbit/s的以太网、Wi-Fi和LTE网络连接接口。

基准应用

我们选择了三个具有代表性的、要求互补的应用类别来评估计算性能和互联计算的二氧化碳排放。

视频编码

视频编码允许在有限的异构通信信道上传输不同质量的视频内容。它压缩原始视频以减少其有效的带宽消耗，同时为观众保持高质量的主观感受。视频编

表1　C^3 测试平台中可用资源的描述

概念层	设备/实例类型	架构	中央处理器	内存 [GiB]	外存 [GiB]	网络	物理处理器	时钟 [GHz]	操作系统
云层	AWS t2.micro	64–b x86	1	1	32	Moderate	Intel Xeon	≤3.1	Ubuntu 18.04
	AWS c5.large		2	4		≤10 Gb/s	Intel Xeon Platinum 8000 series	≤3.6	
	AWS m5a.xlarge		4	16			AMD EPYC 7000 series	≤2.5	
雾层	Exoscale Tiny	64–b x86	1	1	32	≤10 Gb/s	Intel Xeon	≤3.6	Ubuntu 18.04
	Exoscale Medium		2	4					
	Exoscale Large		4	8					
	ITEC Cloud Instance		4	8			Intel Xeon Platinum 8000	≤3.1	
边缘层	Edge Gateway System	64–b x86	12	32	32	≤10 Gb/s	AMD Ryzen Threadripper 2920X	≤3.5	Ubuntu 18.04
	Raspberry Pi 3B	64–b ARM	4	1	64	≤1 Gb/s	Cortex – A53	≤1.4	Pi OS Buster
	Raspberry Pi 4			4			Cortex – A72	≤1.5	
	Jetson Nano			4			Tegra X1 and Cortex –A57	≤1.43	Linux for Tegra R28.2.1

码具有广泛的应用领域，包括内容传递（直播和点播视频流）、流量控制和监控。视频编码应用有很高的处理和吞吐量要求。

机器学习

机器学习是人工智能的一个分支，致力于探索使系统能够从数据中学习、识别并做出决策的方法。其应用领域十分广阔，包括制造自动化控制、自适应交通规划、智能医疗诊断等。一般来说，机器学习有很高的处理和操作内存要求。

内存分析

内存分析对于在资源有限的设备上进行高效的低延迟决策至关重要。它探讨数据操作，如检查、过滤和转换，并实现高效的知识提取和无偏决策。其应用领域包括智慧城市、医疗保健和推荐系统。内存分析应用程序需要大的内存容量和严格的通信延迟。

表现评估

视频编码

我们使用FFmpeg 3.4.6版本和90%以上的视频行业部署（https://www.itu.int/rec/T-REC-H.264-201906-I/en）的当下最流行的H.264/MPEG-4视频编码器（https://trac.ffmpeg.org/wiki/Encode/H.264）一起评估互联计算的编码性能。我们对Sintel视频集（https://media.xiph.org/sintel）中长度为4s、大小为514 MB的原始视频片段进行编码。视频片段以三种分辨率（HD-ready、Full HD和Quad HD）编码，数据速率分别为1500kbit/s、3000kbit/s和6500kbit/s。

图2描述了三种分辨率下单个原始视频片段从视频源到编码设备或实例的平均编码时间和传输时间。标准偏差范围从AWS m5a.xlarge实例的1.3%到Raspberry Pi 3B设备的3.6%。我们观察到老一代单板计算机（Raspberry Pi 3B）的编码时间明显高于其他资源。然而，Raspberry Pi 3B设备提供的传输时间比云计算实例低，适用于采用离线编码的视频点播服务。Raspberry Pi 4和Jetson Nano设备可以有效地进行视频编码，并提供较低的传输时间。在某些情况下，Jetson Nano的编码速度比AWS t2快20%。其余的云

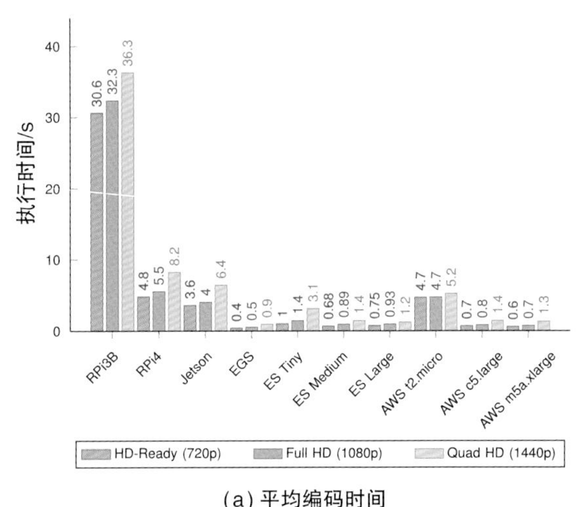

(a) 平均编码时间

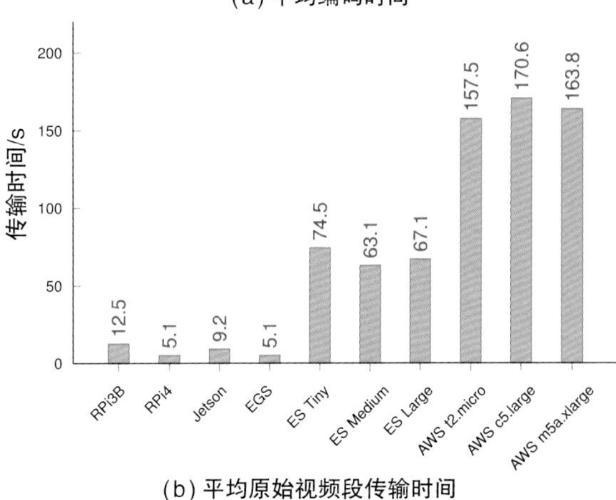

(b) 平均原始视频段传输时间

图2　使用x264编解码器和FFmpeg 3.4.6的4s长的视频段的平均编码性能

和雾资源在0.5~1.3 s范围内表现出相似的视频编码性能。然而，由于云和雾资源的有效吞吐量有限，导致较高的原始视频传输时间。但云资源编码时间较短，适合实时视频流。总体而言，由于EGS的低利用率和高计算与联网能力，实现了最低的编码和传输时间。

推荐：我们建议使用最新一代单板计算机或专用系统在边缘执行视频按需编码，因为它们显著减少了原始视频传输时间。云雾设备（即临近服务器、小型数据中心）在有效吞吐量足够且传输延迟可容忍的情况下，更适合进行连续实时流编码。

机器学习

我们使用TensorFlow Core 2.3.0版本来评估机器学习性能。我们在一组图像中创建了两个用于特征识别的训练和验证场景。

（1）量子神经网络使用的MNIST数据集（http://yann.lecun.com/exdb/mnist/）限制为20 000个样本，大小为3.3 MB。该方案创建了一个两层的神经网络，上一层到下一层的输出有128个。我们进行了五次迭代，以达到90%的特征识别准确率。

（2）使用218 MB大小的Kaggle数据集（https://www.kaggle.com/tags/animals）的卷积神经网络。最低精度要求是80%。卷积神经网络有三层，内核大小为3。每一层使用范围在［32,64,128］内的越来越大的过滤器尺寸。在每一层之后，我们使用基于最大池化的样本离散化过程来降低空间维度。重复训练五次。

图3分析了训练这两种神经网络类型的平均执行时间，以及训练数据从集中存储到执行训练的设备或实例的传输时间。标准偏差范围从Raspberry Pi 4设备的1.2%到AWS t2.micro实例的5.4%。评估结果显示，在所有资源中，较不复杂的量子神经网络需要相对较少的训练时间。老一代单板计算机表现出较低的性能，它们的训练适用性很大程度上取决于训练数据和模型的大小。其他雾和边缘设备提供与云资源类似的性能。单板计算机对卷积网络的训练性能较低。唯一的例外是Jetson Nano设备训练卷积网络的速度比树莓派设备快四倍。一般来说，EGS提供的训练时间是所

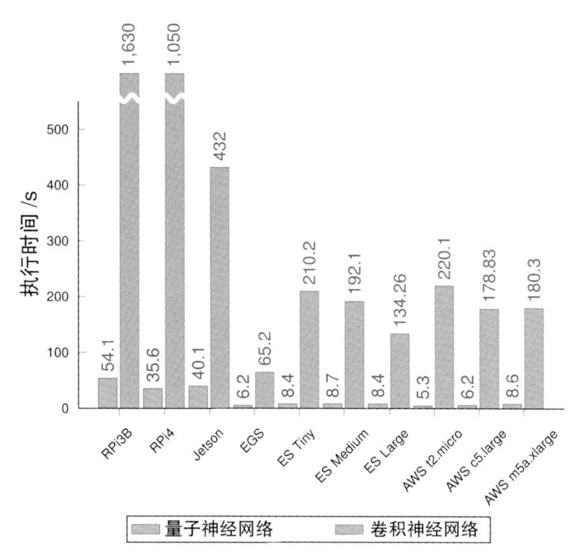

(a) 平均训练时间

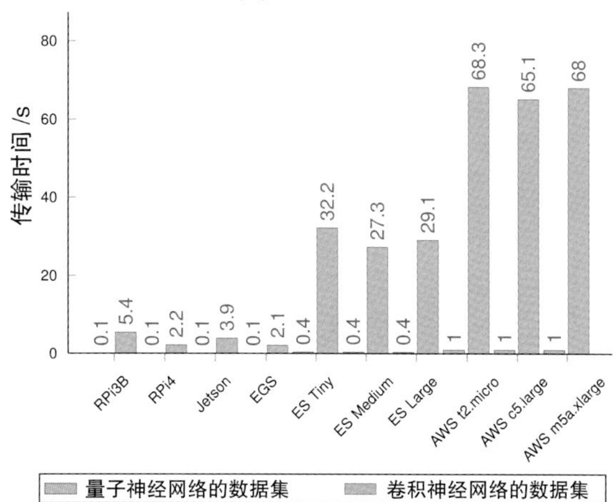

(b) 平均训练数据传输时间

图3　两种神经网络类型的平均训练和数据传输时间

有设备中最短的。训练数据传输时间对训练过程的影响有限，特别是对量子神经网络。虽然卷积神经网络的训练数据传输时间明显较高，但云雾资源优于边缘设备（EGS除外）。

推荐：我们建议在可能的情况下，使用云或专用系统(如EGS)中的大型数据集和多层进行模型训练。我们建议仅当训练数据的大小有限或神经网络的层数很少时，才将其卸载到边缘。

内存数据分析

内存数据分析评估探讨了使用Apache Spark 2.4.6版本的两个场景。

（1）协同数据过滤的目的是填补缺失的条目，以便更好地向消费者推荐电影。该模型使用交替最小二乘算法和一个大小为31.6 kB的电影偏好数据集（https://github.com/apache/spark/blob/master/data/mllib/als/sample_movielens_ratings.txt）。我们用冷启动策略在现有的数据集上训练模型，该策略将数据随机地分为训练集和验证集。

（2）π估计是一项内存和计算密集型的任务，通过在多个Spark执行器之间分配工作来估计π的价值。这使我们能够评估复杂任务的分布式内存互联计算的计算和内存性能。

图4显示了内存中协同数据过滤和π估计的平均执行时间。标准偏差范围从AWS m5a.xlarges实例的1.3%到Exoscale Tiny实例的4.6%。AWS和Exoscale云实例在π估计方面比EGS和单板计算机表现得更好，这要归功于它们更大的内存和更高效的内存控制器。协同数据过滤显示了同样的趋势，Vienna的Exoscale实例显示了最好的性能。协同数据过滤的数据传输时间由于其规模小而可以忽略不计。

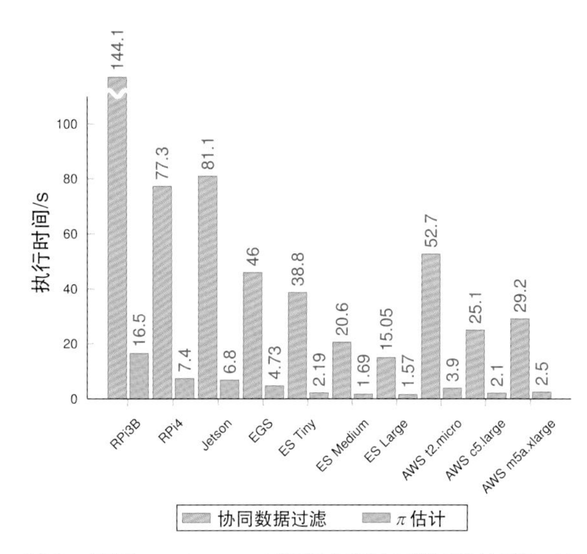

图4　使用Apache Spark进行内存协同数据过滤和π估计的平均执行时间

推荐：我们推荐使用雾实例进行协同数据过滤，因为与云相比，雾实例在执行时间上的差异相对较小。对于对数据过滤时间有软限制的应用程序来说，边缘设备是一个合理的选择。最后，我们建议在云中执行计算密集型的内存处理（例如π估计），或者将其卸载到具有良好内存管理的雾设备上。

网络性能

此外，我们通过使用iPerf3（https://iperf.fr/）工具测量TCP的有效下行链路吞吐量，以及通过从克拉根福大学网络中注册的设备发送ICMP回波请求来评估C^3测试平台中每个实例和设备的网络性能。

图5显示了平均结果，EGS的标准偏差为0.5%，Exoscale Tiny实例的标准偏差为15%。单板计算机和边缘设备提供了高10倍的吞吐量和低20倍的延迟。

推荐：边缘和雾资源最适合产生频繁的输入和输出请求且数据规模较大的应用。

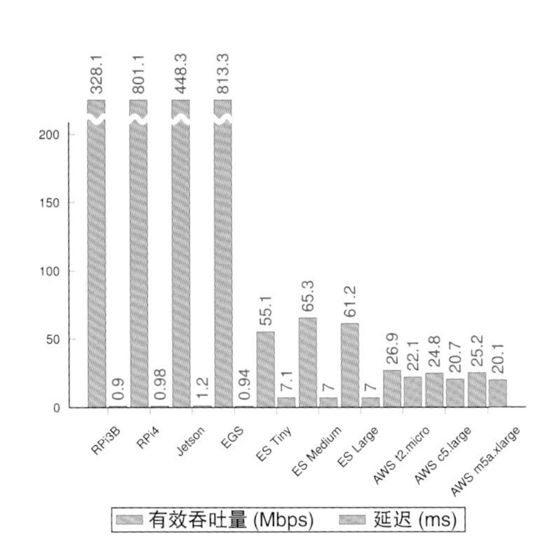

图5　用iPerf3和ICMP回波请求测量的往返通信延迟和有效吞吐量

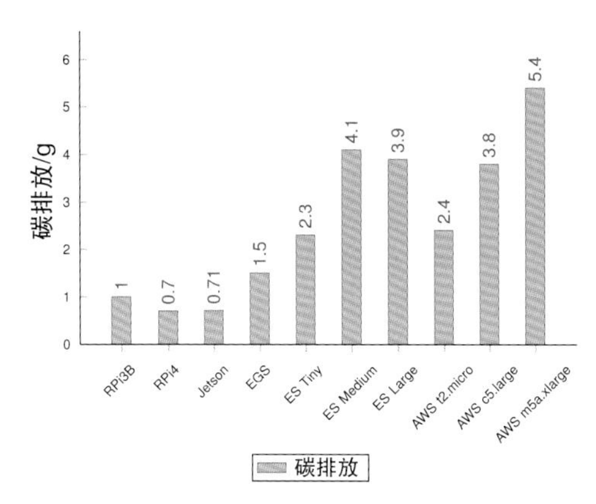

图6　训练准确率高于80%的神经网络所产生的碳足迹

碳排放

我们评估了TensorFlow中用于卷积神经网络训练的物理设备的耗电量。使用数字万用表物理测量在边缘和雾资源训练期间的平均电流。依靠AWS的研究报告来估算AWS和Exoscale提供的雾设备和云实例在不同利用率[7]下的功耗。根据欧盟生产1千瓦时能源的二氧化碳排放克数，估计与电力消耗[3]直接相关的碳排放。

图6显示，在训练过程中，边缘设备排放的碳最多减少到1/6。因此，我们预计，通过将计算从云向边缘卸载，每年可以减少1000kg的碳排放，这相当于一辆汽油汽车行驶5517km。

推荐：我们建议将具有软执行时间限制的应用程序(如视频点播、数据过滤、使用小数据集的模型训练)卸载到边缘设备，从而降低服务提供商的能源成本和碳足迹。

结论

在本文中，我们为从业人员提供了一组关于如何在互联计算中卸载应用程序的建议，如表2所示。我们根据对互联计算中一组异质设备和云实例上选定的应用程序的系统性能和碳足迹分析，提出了这些建议。为此，我们部署了一个具有代表性的测试平台，称为卡林西亚互联计算，该平台产生于一个三层的概念性架构中。我们的结果显示，为了减少互联计算上的网络流量，建议将负载转移到边缘和雾资源，提倡使用云来降低执行时间。最后，为了减少二氧化碳排放，在可接受的计算性能损失的情况下，我们建议使用边缘资源。

表2　关于跨互联计算的应用卸载的建议

应用＼需求	低网络负载	低执行时间	低二氧化碳排放
视频编码	边缘／雾	云	边缘
机器学习	边缘	云／雾	边缘
内存分析	云／雾	云	边缘

致谢

这项工作得到Horizon 2020计划资助的数据云项目的部分支持，以及Carinthian投资促进和公众持股机构资助的5G游乐场项目的部分支持。

关于作者

Dragi Kimovski 克拉根福大学信息技术研究所终身研究员。北马其顿奥赫里德信息科学与技术大学助理教授，奥地利因斯布鲁克大学高级研究员。研究兴趣包括雾和边缘计算、多目标优化、分布式存储。2013年获得保加利亚索非亚技术大学博士学位。本文通讯作者。联系方式：dragi.kimovski@aau.at。

Roland Matha 研究兴趣包括云模拟、工作流和多目标优化。2014年获得奥地利因斯布鲁克大学计算机科学硕士学位，目前正在攻读博士学位。联系方式：roland@dps.uibk.ac.at。

Josef Hammer 在奥地利和澳大利亚学习计算机科学，并获得克拉根福大学硕士学位。在CERN和汽车行业工作了十年之后，目前正在克拉根福大学信息技术研究所攻读计算机科学博士学位。研究兴趣包括与5G移动网络相关的边缘计算。联系方式：josef.hammer@aau.at。

Narges Mehran 研究兴趣包括未来互联网应用的云、雾和边缘计算。2016年获得伊朗伊斯法罕大学(the University of Isfahan, Isfahan)计算机架构硕士学位。目前在克拉根福大学信息技术研究所攻读博士学位。联系方式：narges.mehran@aau.at。

Hermann Hellwagner 克拉根福大学信息技术研究所教授和主席。研究兴趣包括分布式多媒体系统、信息中心网络、边缘计算和无人机群通信。1988年获得奥地利林茨大学博士学位。联系方式：hermann.hellwagner@aau.at。

Radu Prodan 克拉根福大学信息技术研究所的分布式系统教授。奥地利因斯布鲁克大学副教授，直到2018年。研究兴趣包括并行和分布式系统的性能和资源管理工具。2004年获得奥地利维也纳科技大学博士学位。联系方式：radu@itec.aau.at。

参考文献

[1] J. McChesney, N. Wang, A. Tanwer, E. de Lara, B. Varghese, “DeFog: Fog computing benchmarks,” in *Proc. 4th ACM/IEEE Symp. Edge Comput.*, 2019, pp. 47–58.

[2] Y. Gan et al., “An open-source benchmark suite for microservices and their hardware-software implications for cloud and edge systems,” in *Proc. 24th Int. Conf. Architectural Support Program. Lang. Operating Syst.*, 2019, pp. 3–18.

[3] A. Moro and L. Lonza, “Electricity carbon intensity in European states: Impacts on GHG emissions of electric vehicles,” *Transp. Res. Part D: Transport Environ.*, vol. 64, pp. 5–14, 2018.

[4] D. Kimovski, H. Ijaz, N. Saurabh, and R. Prodan, “Adaptive nature-inspired fog architecture,” in *Proc. IEEE 2nd Int. Conf. Fog Edge Comput.*, May., 2018, pp. 1–8.

[5] N. Mehran, D. Kimovski, and R. Prodan, “MAPO: A multiobjective model for IoT application placement in a fog environment,” in *Proc. 9th Int. Conf. Internet Things, 2019*, pp. 1–8.

[6] H. M. Fard, R. Prodan, J. J. D. Barrionuevo, and T. Fahringer“A multi-objective approach for workflow scheduling in heterogeneous environments,” in *Proc. 12th IEEE/ACM Int. Symp. Cluster, Cloud, Grid Comput.*, 2012, pp. 300–309.

[7] Cloud Computing Server Utilization, 2015. Accessed: Nov. 11, 2020. [Online]. Available: https://aws.amazon.com/blogs/aws/cloud-computing-server-utilization-theenvironment.

（本文内容来自IEEE Internet Computing. July/Aug. 2021） Internet Computing

行星互联网：互联网的新纪元

文 | Byungseok Kang, Francis Malute, Ovidiu Bagdasar 德比大学
Choongseon Hong 庆熙大学
译 | 闫昊

行星互联网 (Internet of planets，IoP) 是一个概念，它使太阳系行星能够使用互联网相互通信。尽管有大量关于 IoP 的研究，但延迟容忍网络 (delay-tolerant network，DTN) 已成为近年来最先进的技术。DTN 是一种异步组网技术，适用于没有稳定通信路径的组网环境，因此将接收数据存储在数据存储器中，只有在通信链路建立后才进行转发。DTN 可应用于传感器网络和移动自组网，以及支持卫星间数据传输的空间通信。在 DTN 网络环境中，确保具有相对较低的路由开销和高可靠性的方案是能够高效运转的关键。因此，本文提出了一种基于时间（延迟）信息的 DTN 路由方案，该方案能够预测路由路径，以实现具有相对周期性运动模式的节点之间的高效数据传输。与现有的 DTN 算法相比，所提出的 DTN 路由算法使用 NS-3 仿真工具的结果表明，该算法的路由性能达到了令人满意的水平。

从过去到现在，太空通信一直使用无线电波[1]，因为它是使用无线电进行数据传输的最快的通信系统。无线电通信的原理与使用光缆的光通信原理相同。然而，由于外太空没有光缆，因此可以通过传输无线电信号来精确控制信息。这种方法具有多种优势，但也有致命的弱点，那就是距离。如果你的位置离地球很近，比如空间站或月球，那会有很好的效果，但是当你移动得更远的时候，你只会收到一个较弱的信号，这会大大降低你的接收速度。为了解决这一问题，许多研究机构和大学都在积极研究一种合适的太空通信方式。其中，DTN是一种非常适合星际通信的通信协议。

延迟容忍网络(delay tolerant network，DTN)是一种网络结构，旨在实现端到端不稳定网络中的通信[2]。早期的DTN是一个概念，用来连接具有非常长的传输延迟的互联网，例如太空中的探测器和空间通信。随着电池供电的传感器网络和具有各种移动性的车载网络等技术的出现，今天，这一概念已经扩展到延迟和中断容忍网络，其中包括机会主义概念。传统的无线网络(wireless networks，WLAN)使用异构网络预先建

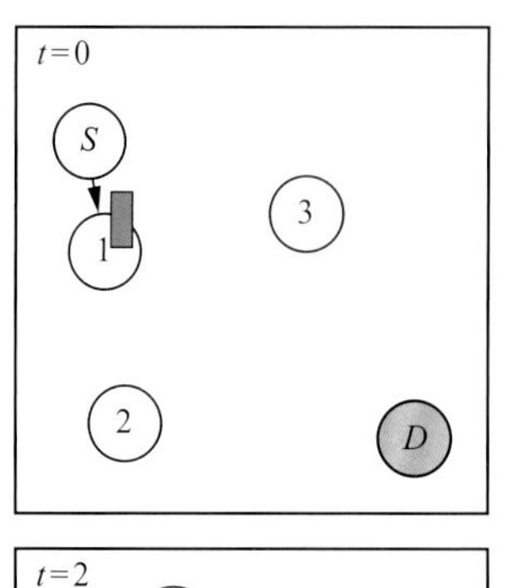

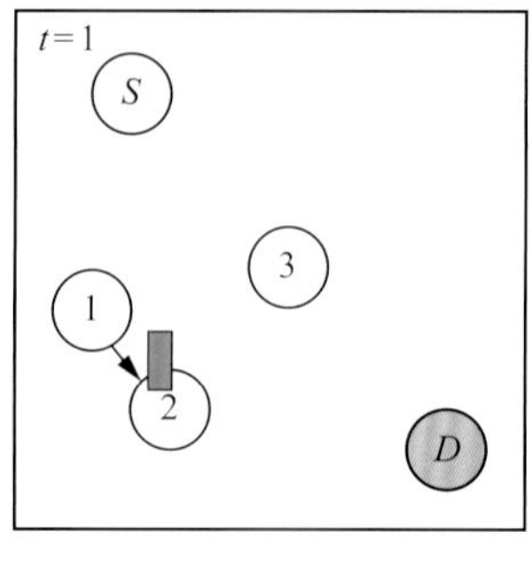

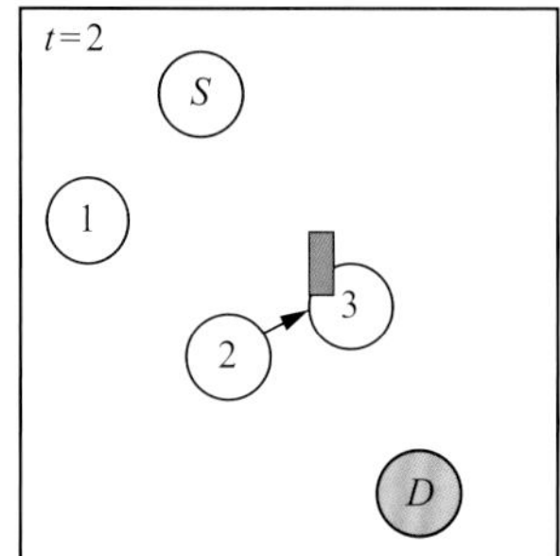

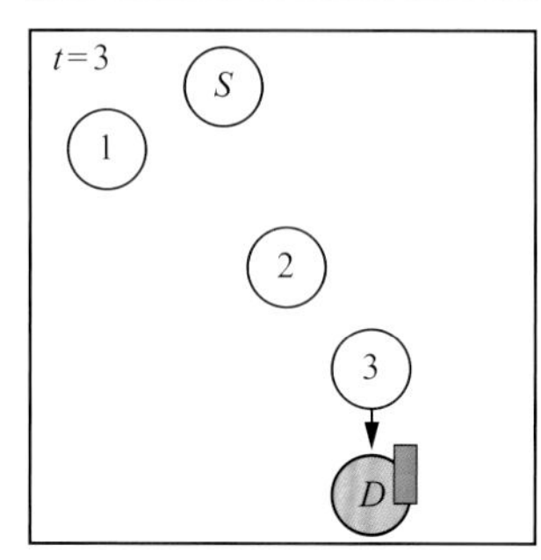

图1　DTN的基本操作

立路由路径并使用它们发送消息。然而，在网络基础设施丢失的环境下，通信中断频繁发生，现有的TCP/IP协议很难获得应用。为了解决这个问题，DTN使用基于存储-携带-转发的消息传递，即使在端到端连接不稳定的情况下，也通过中继节点保留消息来实现通信。在源节点和目的节点之间没有直接路由路径的情况下，使用相邻节点作为中继节点来传递消息。

相关工作进展

延迟容忍网络

DTN路由协议的使用方式因用途而异。移动自组织网络(Mobile ad-hoc network，MANET)中使用了自组网按需距离向量(Ad Hoc On-Demand Distance Vector，AODV)和优化链路状态路由(OLSR)等协议，如果节点自身的路由表中不存在目的地，则会造成数据包丢失。因此，它不能在由于拓扑变化而间歇性断开连接的DTN环境下运行。不能有节点，也就是说，没有邻居节点愿意在断开连接和隔离的网络上发送数据。但是，如果网络状态良好且有延迟，则节点可以存储数据并将其传递到目的地。另一方面，延迟中的民用载波通信类型在延迟敏感的情况下是不合适的协议，例如车辆通信和自动驾驶。在DTN的情况下，数据传输不必立即进行，目的与上述情况不同。

DTN路由具有以下两个特征：

（1）存储-携带-转发：如果要传递的下一跳节点更接近或更有可能到达目的地，则发送其拥有的信息。

（2）存储-携带-副本：如果数据传输困难，则存储数据并将副本转发给对方。

如果一个节点事先知道下一个节点，它就可以轻松地发送信息。图1说明了DTN的基本操作。在图中，t代表时间，S代表发送者(源行星)，D代表接收者(目的行星)。如图1所示，通过使用DTN，数据被临时存储并传输到下一个星球，尽管距离很远。这种传输数据的方式被称为“传递性网络”。因此，DTN自动存储部分数据并将其传输到节点或卫星，以构建更快、更可靠的网络。

DTN中的路由协议

DTN环境下的DTN路由协议主要分为确定性

路由协议和随机路由协议[3]。确定性路由协议假定节点预先知道移动或位置信息的情况。因此，可以使用诸如移动性信息的每个节点的信息来发送消息。Spyropoulos等人[4]，讨论了一种基于oracle的技术，它使用oracle信息执行传输，而Lian等人[5]，讨论了使用时空图的路由技术，其可以预先预测节点移动的路径。因此，在本文中，我们假设网络环境是灵活的，并且需要估计信息。

由于随机路由协议假设网络变化未知，因此有必要考虑何时向哪个节点传送数据。Vahdat和Becker[6]引入了Epidemic路由，在这种路由中，移动主机之间的随机成对消息交换确保了最终的消息传递。他们工作的不同目标是通过最小化消息延迟和传递过程中消耗的总资源来最大化消息传递速率。Spyropoulos等人[7]引入了一种称为喷洒和等待（Spray and Wait）的路由方案。顾名思义，这会将大量副本“喷洒”到网络中，然后“等待”，直到其中一个节点到达目的地。他们证明了“Spray and Wait”方案在消息传递的平均延迟和每条信息传递的传输次数方面都优于现有的方案。表1说明了Epidemic路由[6]与Spray and Wait[7]的主要特征。

Lindgren[8]提出的算法考虑了间歇连接网络中的路由问题。在这样的网络中，不能保证源端和目的端之间随时都存在完全连接的路径，从而导致传统路由协议无法在主机之间传递消息。他们提出了一种适用于此类网络的概率路由协议。在Huu等人的研究中[9]，他们利用了两个社会和结构度量，即中心性和社区性，使用了真实的人类流动性痕迹。他们论文的贡献是双重的。首先，他们设计并评估了基于社交的新型转发算法BUBBLE，该算法利用上述指标来提高交付性能。其次，他们的经验表明，与之前提出的一些算法相比，BUBBLE算法可以显著提高转发性能。

许多随机路由技术，包括Epidemic路由，都是在另一个节点与源节点的传输范围相邻时交换节点信息。众所周知，这种方法(例如传播消息)对于在不可预测的网络环境中传递消息是最有效的。但是，由于DTN中的每个节点都有一个有限的缓冲区，所以消息的复制变成静态的。这会使网络过载，导致较低的消息传输速率和较高的开销。这些路由技术将消息复制到所有联系的节点，而无需确定消息的有效传播。结果，不必要的消息分布在整个网络中，增加了节点缓冲器的负载，从而减少了可以携带消息的中继节点的数量，这导致了消息传递出现了问题。另外，当网络的节点密度较高时，复制的消息数量急剧增加，从而导致网络资源利用率出现问题。

算法和实验

为了应用于IoP环境，我们对Kang等人提出的现有路由算法进行了修改和实验[10,11]。本文提出的技术采用基于洪泛的消息传递，如Epidemic路由或Spray and Wait路由。另外，本文提出的路由方法在存在规律运动模式的DTN环境拓扑结构中利用节点S的周期

表1　路由协议特性比较——Epidemic vs Spray and Wait

路由协议	消息副本	选择的方法(下一跳)	缺点	传递延迟	缓冲区大小
Epidemic[6]	无限制的	Indiscriminant flooding	占用资源多（缓冲区、带宽）	低	有限制的
Spray and Wait[7]	有限制的	随机性	随机决策	中等	充足的

性时延信息，将信息从节点S发送到节点D时，使得从S(源)到D(目的)的路由时间最短。它预测可能的路由并向它们进行传输。在提出的路由方法中，只要每个节点遇到相邻节点，就会启动计时器。测量的计时器将邻居节点遇到的延迟记录在路由表中。然后，它会在现有的路由表中添加一个可以记录延迟的表，以记录计时器时间并计算最小延迟。通过添加授权字段，每个节点都知道邻居节点ID，并在可能的情况下检查ID以获得可靠路由。每个节点可以利用路由表中的延迟信息来预测与相邻节点相遇的时间。通过设置误差范围，将节点的搜索和通信限制在误差范围内，但与误差范围内的邻居节点的会面时间除外，从而节省了节点的能量资源。通过使用该表，可以在网络收敛之前识别节点是新的还是现有的，从而提高了消息传输的可靠性。

图2显示了无线网络拓扑。我们使用NS-3作为仿真工具来验证时间路由的性能[12]。如图2所示，构建了DTN环境，移动模型具有随机移动模式，然后是节点基于特定输入大小和速度以圆形移动的模式。模拟的大小被指定为50个节点(行星)，水平和垂直距离为100 000km，以创建一个类似于空间通信中卫星的移动环境。仿真周期为5000 s，该时间显示网络收敛时间，也是每种路由算法的恒定结果，因为节点的移动速度设置为与卫星相似的移动速度。每个节点的传输范围、传输能量、信道频率和信号噪声都为DTN默认设置。

为了评估延迟信息路由的效率，在节点具有恒定移动模式的情况下，与现有的DTN路由算法进行了性能对比实验。图3显示了DTN拓扑中的实验，其中节点的速度或移动模式在与前一个拓扑相同的环境中是不规则的。此图显示了在DTN控制器更改数据包索引时的响应时间。为了考察该算法的响应时间，我们在改变数据数量的情况下进行了实验。为了进行实际的试验台实验，我们通过交换机对网络数据进行了

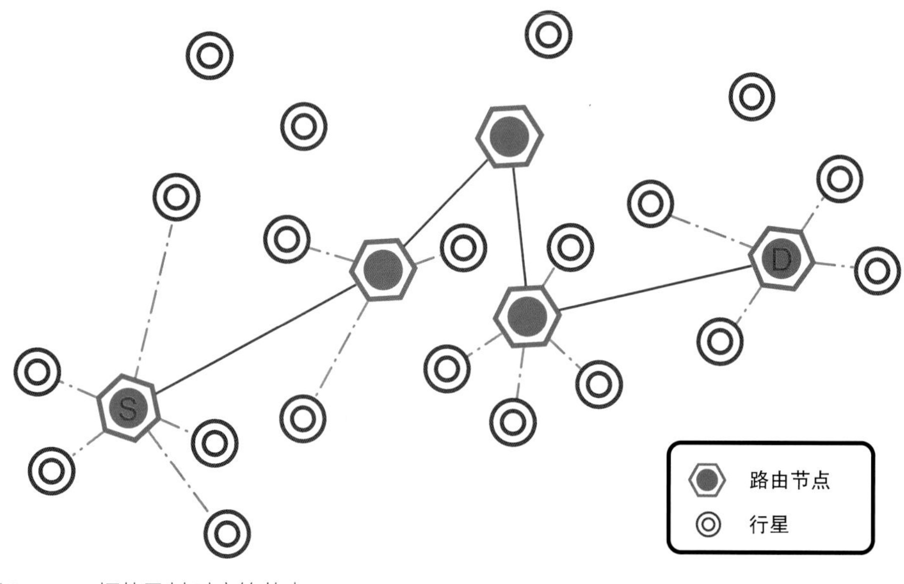

图2　DTN 拓扑及其对应的节点

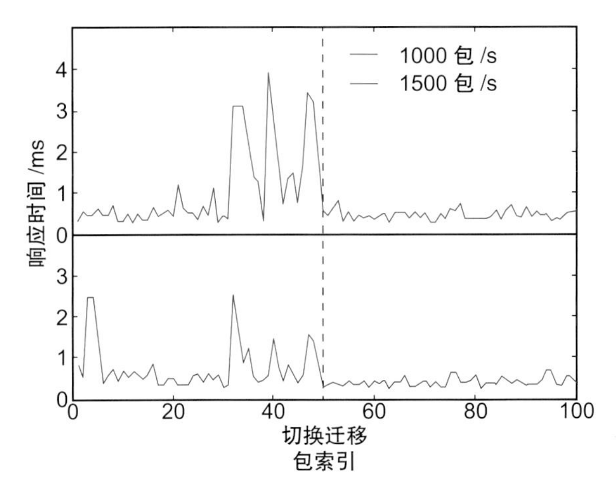

图3 更改数据包索引时的响应时间

迁移。通过使用数据迁移软件，解决了现有网络数据迁移存在的问题。它还提高了性能和生产效率，中期结果检查/重试、作业调度、大规模数据的高效操作，降低成本并节省试验台开发时间。在大多数情况下，所提出的方法将响应时间缩短了约100ms。

最后，我们对网络的整体状况进行了实验。图4显示了吞吐量、丢包率和延迟。红色实线是典型DTN网络中的QoS度量。在此结果中值得注意的是，随着时间的推移，大量数据包丢失。此外，我们还可以看到，网络延迟在一定时间后会稳定出现。蓝色实线是将我们的算法应用于DTN网络的结果。吞吐量稳定，网络延迟相当低。网络延迟不是经常发生的，它微不足道且很短。综合考虑各种情况，实验结果表明，该算法在处理海量数据的IoP环境中运行良好。

总之，DTN是一种互联网协议，它是假设在通信延迟很大的空间中进行连接而创建的。信息以不同于TCP/IP的方式传输，TCP/IP假定连接不会断开。例如，如果一艘船进入行星的阴影，连接可能会中断，在这种情况下，DTN被设计为在不破坏数据包的情况下保

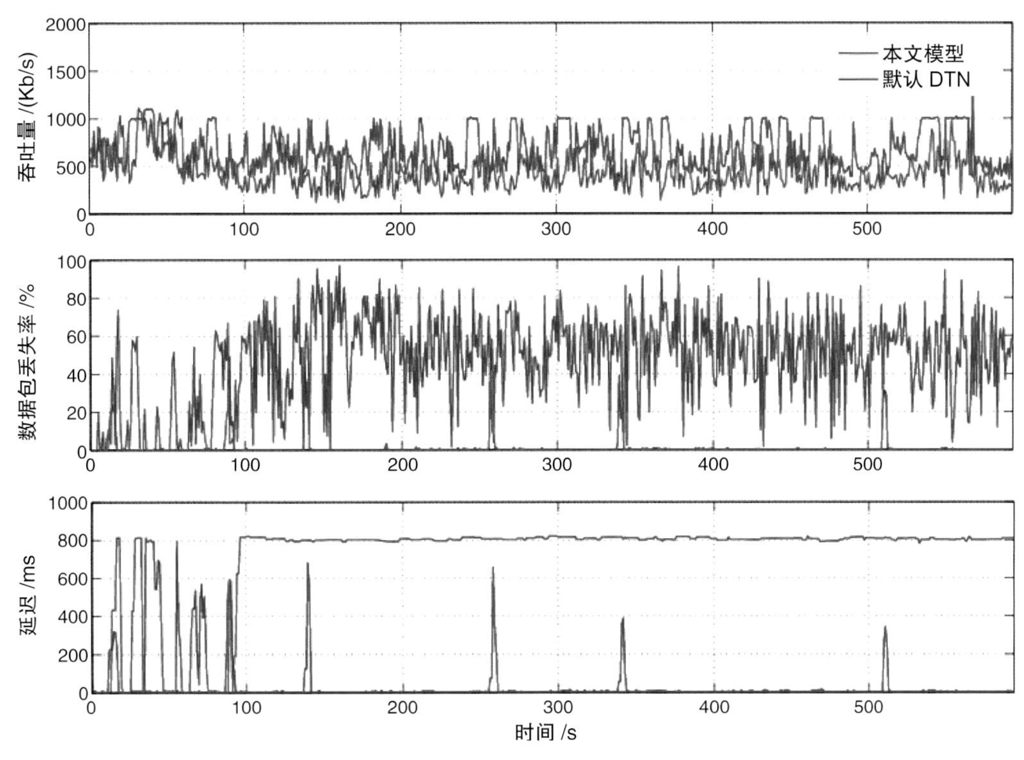

图4 所提出方案的QoS流量流的吞吐量、丢包率和延迟

持网络节点的完整，并防止信息丢失。然而，现有的通信协议，如移动自组织网络和传感器网络，并不能很好地反映DTN特有的特性。此外，为DTN设计的路由协议也是基于随机移动性等不切实际的假设，这导致在实际的IoP环境中效率低下。

结论

解决网络连接不稳定问题的DTN方案一直备受关注，因为它可以解决正常通信情况为太空或深海区域的网络问题。然而，现有的DTN路由只考虑数据的传输速率，难以应用于实际网络。本文提出在DTN中寻找一种高效的中继节点来解决这一问题。该算法利用时延和授权历史对网络状态进行分析，从而从DTN中选择有效的中继节点。此外，由于节点的实际移动与模拟中使用的模型不同，因此有一定的规则。如果进行进一步的研究，并根据节点的缓存和能量来考虑中继节点的选择，将有可能实现更稳定的DTN路由。如果我们克服了这一点，我们实际上将能够将行星与互联网连接起来——这便是IoP。

参考文献

[1] L. J. Ippolito, "Radio propagation for space communications systems," *Proc. IEEE*, vol. 69, no. 6, pp. 697–727, 1981.

[2] R. J. D'souza and J. Jose, "Routing approaches in delay tolerant networks: A survey," *Int. J. Comput. Appl.*, vol. 1, no. 17, pp. 8–14, 2010.

[3] Z. Zhang, "Routing in intermittently connected mobile ad hoc networks and delay tolerant network: Overview and challenges," *IEEE Commun. Surv. Tuts.*, vol. 8, no. 1, pp. 24–37, Jan.–Mar. 2006.

[4] T. Spyropoulos, K. Psounis, and C. S. Raghavendra, "Single-copy routing in intermittently connected mobile networks," in *Proc. 1st Annu. IEEE Commun. Soc. Conf. Sensor Ad Hoc Commun. Netw*, Santa Clara, CA, USA, Apr. 2004, pp. 235–244.

[5] H.-E. Lian, C. Chen, J.-W. Chang, C.-C. Shen, R.-H. Jan, "Shortest path routing with reliability requirement in delay tolerant networks," in *Proc. 1st Int. Conf. Future Inf. Netw.*, Oct. 2009, pp. 292–297.

[6] A. Vahdat and D. Becker, "Epidemic routing for Partially-connected Ad hoc networks," Tech. Rep. CS-2000- 06, Duke Univ., Durham, NC, USA, 2000.

[7] T. Spyropoulos, K. Psounis, and C. S. Raghavendra, "Spray and wait : An efficient routing scheme for intermittently connected mobile networks," in *Proc. ACM Workshop Delay Tolerant Netw.*,2005, pp. 252–259.

[8] A. Lindgren, "Probabilistic routing in intermittently connected networks," *ACM SIGMOBILE Mobile Comput. Commun. Rev.*, vol. 7, no. 3, pp. 19–20, 2003.

[9] P. Hui, J. Crowcroft, and E. Yoneki. "Bubble rap: Social-based forwarding in delay tolerant networks," in *Proc. MobiHoc*, 2008, pp. 241–250.

[10] B. Kang and H. Choo, "An energy efficient routing scheme by using GPS information for wireless sensor networks," *Int. J. Sensor Netw.*, vol. 26, no. 2, pp. 136–143, 2018.

[11] B. Kang, P. Nguyen, and H. Choo, "Delay-efficient energy-minimized data collection with dynamic traffic in WSNs," *IEEE Sensors J.*, vol. 18, no. 7, pp. 3028–3038, 2018.

[12] NS-3 Network Simulator, 2021. [Online]. Available: https://www.nsnam.org/

（本文内容来自IT Professional May/June 2021）

ITProfessional

关于作者

Byungseok Kang 本文通讯作者。联系方式：b.kang@derby.ac.uk。

Francis Malute 联系方式：f.malute@derby.ac.uk

Ovidiu Bagdasar 联系方式：O.bagdasar@derby.ac.uk

Choongseon Hong 联系方式：cshong@khu.ac.kr

基于深度学习的图形结构差异的可视化分析方法

文 | 韩东明，潘嘉铖　浙江大学
谢聪　Facebook
赵晓东　浙江大学
罗笑南　桂林电子科技大学
陈为　浙江大学
译 | 涂宇鸽

重现和分析图形结构差异有助于了解图形动态演变等差异相关的模式。传统解决方案是利用表征学习技术解码结构信息，但缺乏直观研究图形的结构语义的方法。本文提出了一种表征与分析机制，用于研究图形结构差异。我们提出了一种基于深度学习的嵌入技术，用于在保留结构差异的语义的同时，解码多个图形。我们设计并运用了基于网络的可视化分析系统，以对比研究通过嵌入得出的特征。我们的方法的一个显著特征是，它支持对图中编码的潜在关系进行语义感知的构建、量化以及调查。我们利用三个数据集进行案例研究，证明了所提方法的可用性和有效性。

分析图形结构差异有助于了解图形模式的潜在关系[1,2]及图形序列的演变[3,4]。结构差异代表了图形的拓扑结构差异，比如有些图形的星形结构更多，这些差异可以揭示图形间的一些潜在信息。例如，对比移除大脑部分区域前后的大脑连接网络可以帮助科学家了解大脑功能。同样，对比不同时间戳的通信网络，可能会揭示组织中的变化。由此可见，对比分析图形有助于洞察差异的含义或语境。

理解图形差异的主要瓶颈在于，潜在语义本身无法描述。一方面，现有统计学方法无法仅仅通过计算平均度和平均有效偏心率等节点或边的信息，来捕捉差异的含义或语境[5]。另一方面，直接观察大量的边和节点差异是一项琐碎的工作。通过遍历子结构之间的具体差异来总结图形关系的高级语义是很耗时的。此外，在比较过程中，图形节点对之间通常没有确切的一一对应关系。因为图形的拓扑结构只明确地编码了节点之间的关系。基于深度学习的表征学习技术为图形结构信息的有效编码提供了新的机会。习得的嵌入可以作为后续图分析任务的特征输入。虽然已经有一些基于深度学习的图形结构嵌入技术[6,7]，但在分析图形之间的结构差异方面几乎还是空白。理想的语义感知的结构性差异表征方式，应该能够量化图形变化的情境、句法相似性和图形之间的关系｛G｝。受自然语言处理中（男人）-（女人）=（国王）-（王后）的例子启发[8]，我们对变化的嵌入设置了相同的动机，并在图形关系发现和单词关系理解之间进行了类比。以一组有昼夜模式变化的通信网络为例，em嵌入意味着，如果｛G_1，G_3｝和｛G_2，G_4｝分别对应网络中的昼与夜，那么em（G_1-G_2）=em（G_3-G_4）。向量em（G_1-G_2）是嵌入的副产品，可以用作昼夜差异的度量。同时，表征学习结果具有复杂性，需要纳入人类的知识和经验。如果没有对嵌入和应用环境的明确介绍，用户就很难理解。即使是由有效的学习方法产生的嵌入，如果没有专家对应用背景进行解释，仍然会错过语义背景。我们认为，可视化分析方法对于将领域知识注入学习算法或结果中至关重要。然而，要促进任意图形之间的比较分析是不容易的，因为图对的两个节点之间不是一一对应的关系。

本文中，我们提出了一个可视化分析方法，支持对图形结构差异进行语义感知的构建、分析和调查。在这里，我们把图形结构差异命名为Delta图（简称DG）。我们的方法的内核称为Delta2vec。Delta2vec是一种新的DG表征方式，通过深度学习将DG嵌入到有意义的特征向量空间中。我们设计并实现了多种特征表征方式，以便深入进行分析和比较。基于我们的集成系统，用户可以自由研究多个图形之间的关系。本文的主要贡献如下：

（1）我们将分析图形结构差异的问题表述为研究成对图形差异的向量表征形式。

（2）我们提出了基于深度学习的嵌入技术Delta2vec，用于对图形结构差异进行语义感知的量化。

（3）我们提出了一个可视化分析系统，该系统支持语义感知的构建、有洞察力的探索、分析以及成对的图形差异比较。

本文在“相关工作”部分讨论了相关工作，“方法概述”部分解释了我们工作的任务和大致情况，“Delta2vec模型”和“可视化探索”部分分别介绍了嵌入的解决方案和分析，“案例研究”和“实验”部分介绍了实验和结果，“讨论与结论”部分给出了讨论和结论。

相关工作

图嵌入

嵌入方法有四种[9]，包括节点嵌入、边嵌入、混合嵌入和整图嵌入。节点嵌入和边嵌入分别将节点和边映射成低维向量。类似的节点（边），向量表征也相似。每个节点（边）嵌入方法都对“相似”有自己的定义。例如，曹等人[10]的相似度量为一个节点的多级邻域关系。然而，目前仍然很难保留多个任意大小的图形之间的结构差异，因为现有的解决方案通常要求不同图形（两个以上的图形）的每个节点对之间有一一对应的关系。混合嵌入指不同类型的图组件的组合，如节点+边和节点+社区。它们有利于子结构或社区相关的图形分析，如社区检测[11]。整图嵌入指将图形表示为一个固定长度的向量，这样图形就可以直接进行比较。

据我们所知，目前还没有人对多个图形之间的结构差异的学习进行研究。

图形数据的可视化分析

图形的可视化比较一般可分为并列技术、叠加技术和明确编码[12]。并列技术将图形分开放置，通常通过相互作用来突出显示图形差异[13]，能够帮助识别和比较有趣的模式。叠加技术将多个图形叠加，并使用不同的编码来区分节点和边[14]。图形结构差异的可视化分析还没有得到充分的探索，具有不同拓扑结构的图形的相关探索尤其不足。以前关于比较两个图[15]或动态图[1]的工作通常假设节点存在对应关系，我们的方法则纳入表征学习技术，将具有不同拓扑结构的（可能是大尺寸的）图形规整到一个空间，打破了这一限制。

方法概述

我们的方法分三个步骤（见图1），包括数据处理、表征及可视化分析。

（1）第1步：从一组图形开始，用于生成DG的减法关系可以由用户指定，也可以是预处理配置。每个DG对应一个图对，即一个被减数图和一个减数图。

（2）第2步：生成图形和DG的表征。对于每个图对，都会生成被减数图和减数图的结构袋表征。DG的每个结构袋表征都是由被减数图和减数图的两个结构袋表征之间的指定减法产生的。通过这种方式，DG集合被转换为一个向量空间，用于表征和鉴定。

（3）第3步：用户可以根据生成的DG嵌入表征、结构袋表征以及图形节点链接图的可视化情况，交互式地观察、识别、比较和研究感兴趣的特征。

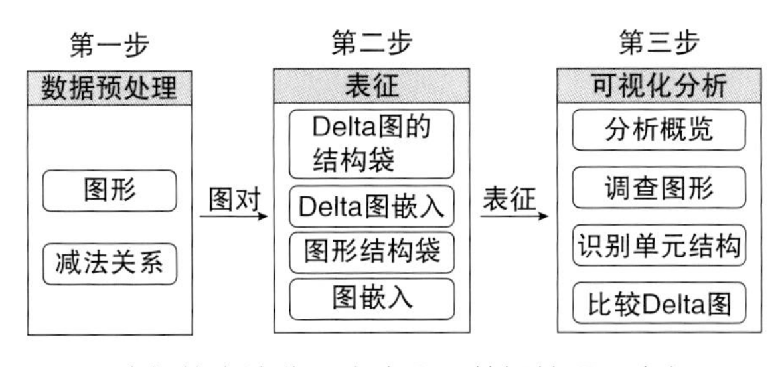

图1　我们的方法分三个步骤：数据处理、表征及可视化分析

Delta2vec模型

我们的学习任务是在任意图形之间构建有效的DG表征。理想情况下，该模型应该能够在同一空间内表示图形，以便进行比较。表征不应该依赖于图对的节点之间的一一对应关系，以便支持任意的图形比较。现有的方法只有在给定两个图形中所有节点的ID时才能实行。因此，它们无法获得任意图间的结构差异。同样可取的是，该表征法保留了丰富的拓扑结构差异。同时，图形结构差异应该排除相同的子结构，而集中于差异性子结构。一般来说，图核方法可以用来提取结构袋。提取的结构通过不同的图核方法保留了图形不同类型的信息。两个图形间的差异性子结构可以通过两个结构袋之间的减法操作来计算。为比较DG，减法结构袋可以转化为一个固定长度的向量。此外，为了便于计算和表征，结构袋被嵌入到一个缩小的空间中。

我们的Delta2vec模型首先通过Weisfeiler-Lehman算法[16]［见图2（a）］生成每个图形的结构袋表征。我们可以生成结构袋嵌入，并计算两个嵌入之间的减法作为DG嵌入。此外，我们还可以计算两个结构袋之间的减法并生成其嵌入。然而，嵌入模型Doc2vec的输入是单词（子结构）的出现，子结构的频率是非负的。因此，我们将两个结构袋之间的减法计算为增加的结构袋和减少的结构袋。为了清楚起见，表1定义了描述我们模型的术语。

Weisfeiler－Lehman算法

以前的图形表征学习方法[6,17~19]着重于保留独特的信息类型。精心设计的Weisfeiler-Lehman算法不是提取线性结构（如随机游走[20]和最短路径[21]），而是根据高跳邻域提取更多的结构组成，提取更多结构组

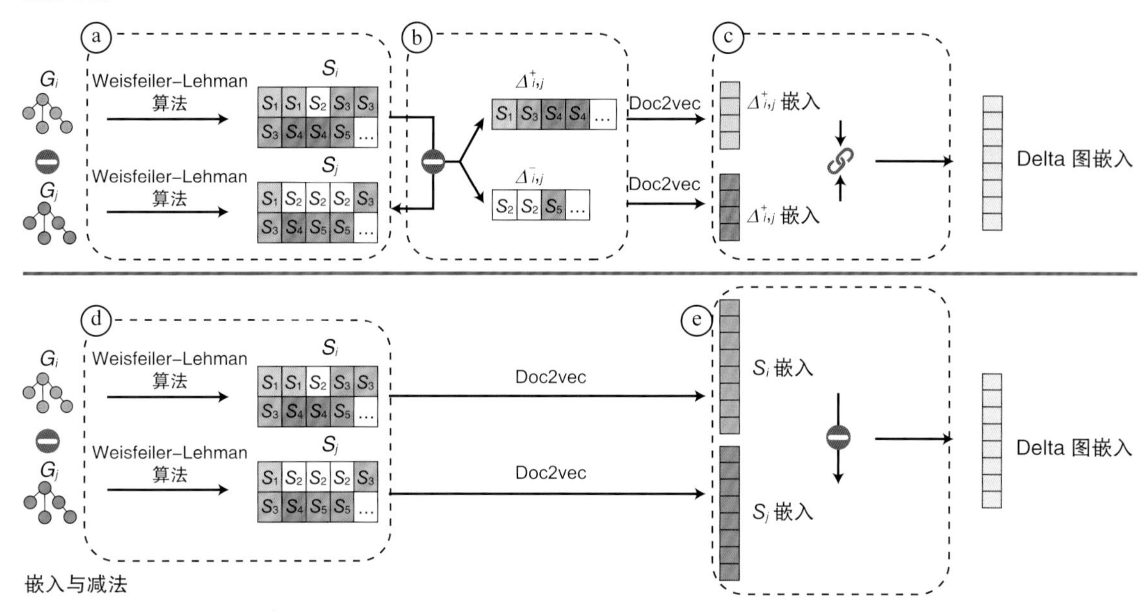

图2 我们模型的两种模式：减法与嵌入［（a）~（c）］，以及嵌入与减法［（d）~（e）］。（a）和（d）S_i和S_j是通过Weisfeiler-Lehman算法来计算的。（b）计算结构差异$\Delta^+_{i,j}$和$\Delta^-_{i,j}$。（c）使用Doc2vec模型来计算$\Delta^+_{i,j}$和$\Delta^-_{i,j}$的嵌入，em（G_i-G_j）由两个嵌入组成。（e）S_i和S_j的嵌入是由Doc2Vec模型计算出来的，em（G_i-G_j）是由S_i和S_j的嵌入之间的减法计算出来的

表1 符号定义

符号	描述
$G_i \in \mathcal{G}$	图形集中的一张图
$S_i=\{s\}$	G_i的结构袋
$S \in S_i$	S_i中的一个子结构
$\Delta^-_{i,j}=S_i-S_j$	在S_i而不在S_j中的结构袋
$\Delta^+_{i,j}=S_j-S_i$	在S_j而不在S_i中的结构袋
em（G_i–G_j）	G_i和G_j之间的DG嵌入

成，并用一系列的非线性结构（如id、度和属性）表示图形。

图3展示了Weisfeiler-Lehman算法。给定一个有五个节点的图G_i，第一步先给G_i中的节点贴标签。这里，我们将节点度作为初始标签［见图3（a）］。我们把每个节点和它邻域的标签按字母顺序串联起来。例如，图3（b）中的节点“C”用“C：A，B，C”表示，其中“C”表示其标签，“A，B，C”表示其邻域的标签。然后，给独特的串联序列分配一个新的标签，来重新标记节点［见图3（c）］。反复进行重新贴标签的过程，直到达到预定的迭代阈值。迭代阈值可以由用户设定。请注意，第i次迭代中分配的节点标签表示由串联序列描述的邻域结构，并表示为i跳结构［见图3（e）］。i增加时，相应的i跳结构的复杂性也会增加。第二步是计算结构袋［见图3（d）］。我们从所有迭代中提取标签并计算它们的频率。每个标签都是一种结构［见图3（e）］。结构频率可以视作结构袋（S_i），类似于NLP中的词袋。每个结构（s_i）都可以类比为一个词。

图形的结构袋表征

我们的模型第一步采用了Weisfeiler-Lehman算法［图2（a），（d）］，其输入是图G_i和初始标签（度），输出是结构袋S_i。结构袋的每个子结构s_i都保留了图

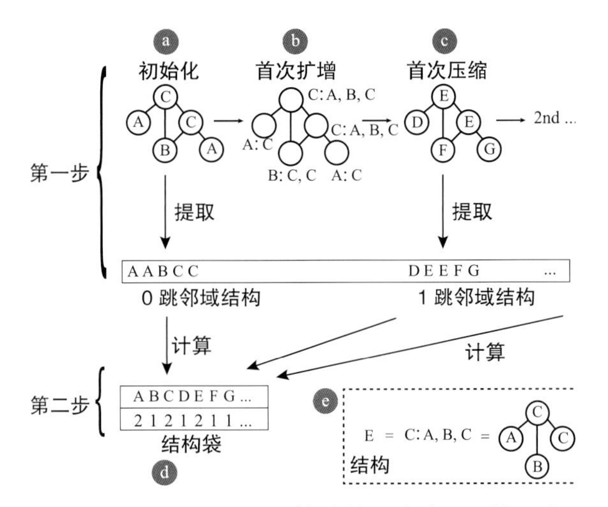

图3　Weisfeiler-Lehman算法的两个步骤：第一步，给图中的每个节点贴上标签，直到达到预定的迭代阈值，每个标签是一种结构；第二步（e），计算节点标签（结构）频率。（a）初始化过程给每个节点分配一个标签，如ID、度和属性。（b）扩增过程将节点与邻域的标签按字母顺序串联起来。（c）压缩过程重新标记每个节点。（d）结构袋表示节点标签的频率

形的一部分拓扑信息，其中G_i和G_j使用Weisfeiler-Lehman算法提取S_i和S_j。

DG嵌入表征

给出两个图G_i和G_j，以及它们的结构袋表征S_i和S_j，DG可以通过对S_i和S_j的运算生成。与（男人）-（女人）=（国王）-（王后）的例子类似，减法是表示G_i和G_j之间差异意义的好方法。因此，我们的Delta2vec模型支持两种模式：减法与嵌入，以及嵌入与减法。

我们使用Doc2vec模型（见图4）来计算结构袋的嵌入。Doc2vec模型在许多技术和应用中广泛使用，它是一种普遍而重要的学习段落的连续分布式向量表征的方法。Doc2vec模型是无监督的，其输入是任意大小的图形，并为每个图生成一个表征向量。该模

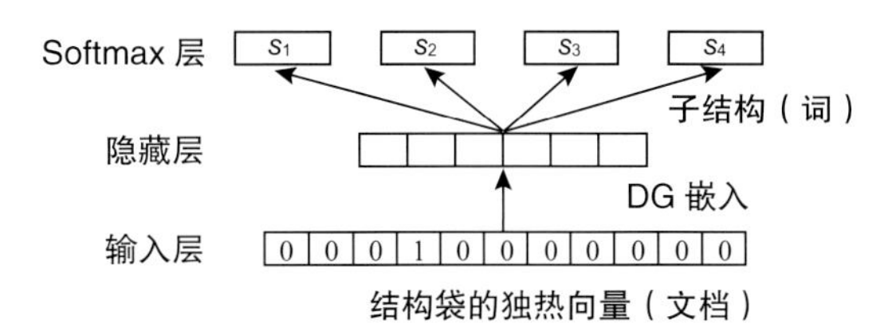

图4　Doc2vec[22]模型被用于计算结构袋，它预测了输入图中的子结构的出现。输入层是结构袋的独热向量，隐藏层的输出被用作输入结构袋的向量嵌入

型可用于不同的分析任务，如图分类、图聚类和播种监督表征学习方法。请注意，其他基于GNN的方法[18，19]也可以用来学习图形表征。整个嵌入过程类似于词向量中的跳词模型（Skip-gram）[8]。原则上，我们的Delta2vec模型可以预测图形输入结构袋中的子结构的出现。该模型包括三层：输入层、隐藏层和Softmax层。输入层表示每个结构袋的独热向量。在隐藏层中，线性神经元的数量是嵌入向量的维度，可以由用户设定。Softmax层预测每个输入图的子结构的概率。隐藏层的权重是输入结构袋的嵌入。

（1）减法与嵌入。首先，我们计算S_i和S_j之间的减法，可以分为两部分［见图2（b）］：一个增加的结构袋（即多集）$\Delta^-_{i,j}$，代表在S_i中而不在S_j中的子结构；一个减少的结构袋$\Delta^+_{i,j}$，代表在S_j中而不在S_i中的子结构。$\Delta^-_{i,j}$或$\Delta^+_{i,j}$中每个子结构的频率表示相应子结构频率的数字差异。其次，我们利用Doc2vec模型（见图4）将$\Delta^-_{i,j}$和$\Delta^+_{i,j}$嵌入到一个固定长度的低维空间［见图2（c）］。每个$\Delta^-_{i,j}$或$\Delta^+_{i,j}$被视为一个文档，其中每个子结构s是一个词。DG嵌入em（G_i-G_j）由$\Delta^-_{i,j}$或$\Delta^+_{i,j}$的两个嵌入组成。

（2）嵌入与减法。首先，利用Doc2vec模型（图4）将S_i和S_j嵌入到一个固定长度的低维空间中［见图2（e）］。每个S_i和S_j被视为一个文档，其中每个子结构s是一个词。其次，我们计算S_i和S_j的嵌入之间的

减法。减法嵌入表示DG嵌入em（G_i-G_j）。

可视化探索

可视化分析任务

DG嵌入是很难理解、分析和比较的。可视化是一种有效的技术，可以将人类的知识和经验融入分析过程，支持对数据的理解和交互式探索。在设计我们的可视化分析系统的过程中，我们接触了分别专攻表征学习、图形可视化和图形分析的三位专家，与他们进行了一系列会议，确定了四个可视化分析任务。

（1）任务1：分析DG概况。DG概况使得嵌入空间中能够进行数据检查和模式识别。用户可以了解DG在图形中的分布情况以及DG的相似度。用户还可以通过DG概览交互式地过滤感兴趣的DG。

（2）任务2：识别DG的结构差异。识别嵌入空间中DG的详细结构差异有助于用户获得DG的含义或背景。

（3）任务3：比较DG。比较DG有助于用户在嵌入空间中找到潜在的模式，如em（G_1-G_2）=em（G_3-G_4）。

（4）任务4：调查DG的细节。DG是由不同的图对构成的。研究原始拓扑空间中DG的图对的详细信息，有助于用户从DG中获得更深入的理解。

我们的系统在一个可视化界面中为这些任务提供了便利。投影视图［见图5（a）、（b）、（c）］显示了DG的嵌入及其相应的减数图和被减数图（任务1）。图对视图［见图5（d）］、差异性子结构视图［见图5（e）、（f）］和分布视图显示了DG（任务4、任务2、任务3）的细节。控制面板［见图5（g）］允许用户调整超参数。

可视化界面

投影视图

投影视图使用三重散点图来显示减数图的嵌入［见图5（a）］、Graph2vec模型的被减数图［见图5（b）］和Delta2vec模型的DG嵌入［见图5（c）］。每个散点图都是通过将图形或DG的向量表征投射到二维空间并由NetV.js渲染生成的[23]。用户可以在控制面板中指定投射方法，如t-SNE24和PCA［见图5（g）］。在减数图和被减数图的视图中，每个圆圈代表一个图形，它的颜色编码了图形的类别。在DG嵌入的视图中，每个圆圈表示一个DG，它的颜色编码由不同类别的减数图和被减数图构成的DG。例如，图5（a）和（b）中的颜色编码的是电子邮件网络的时间，而图5（c）中的颜色编码的是网络对的被减数电子邮件网络的时间。

三种投影视图中都可以进行动态查询，用户可以通过套索选择或点击来选择感兴趣的DG，其他视图则显示了所选DG的详细信息。

图对视图

图对视图显示了减数图和被减数图的详细结构，这些图构成了投影视图中选定的DG［见图5（d）］。每个图对都构成一个DG，左边是减数图，右边是被减数图。图对按其与所选DG嵌入的平均值的相似度进行排序。

差异性子结构视图

差异性子结构视图显示的是减少和增加的差异性子结构对（分别为左侧和右侧），按其出现频率排序［见图5（e），（f）］。减少的和增加的分别为红色和绿色。从Delta2vec模型得出的差异性子结构是简单的树状子结构。从Delta2-vec模型导出的差异性子结构是简单的树状子结构，不保留输入图形中的边。因此，我们单独检查每个差异性子结构中的每一对节点，如果在相应的图形中存在与这对节点相当的节点的边，则在这对节点之间添加一条边。通过这种方式，差异性子结构从树状结构被重新表述为图形，使分析过程更加有效。

分布视图

分布视图用于展示和存储构成DG的感兴趣的图对。分布视图中有分布直方图和操作面板两个组成部分。分布直方图统计不同图对所构成的不同DG的数量。操作面板提供了一组操作，包括基于相似性的排序、项目扩展和隐藏、项目命名和项目搜索。用户若对一组DG有新发现且感兴趣，可以记录这组DG的统计信息。

可视化交互

为了帮助用户完成任务1~任务3，允许用户进行交互，包括套索选择和超参数设置。

用户可以通过套索选择，从DG嵌入投影视图［见图5（c）］中选择感兴趣的DG。被减数投影视图的嵌入和减数图的嵌入都有相应的原始图。图对视图中显示了构成所选DG的图对的详细拓扑结构［见图5（d）］。分布视图中统计了图对的分布［见图5（g）］。此外，差异性子结构视图中显示了DG的详细结构差

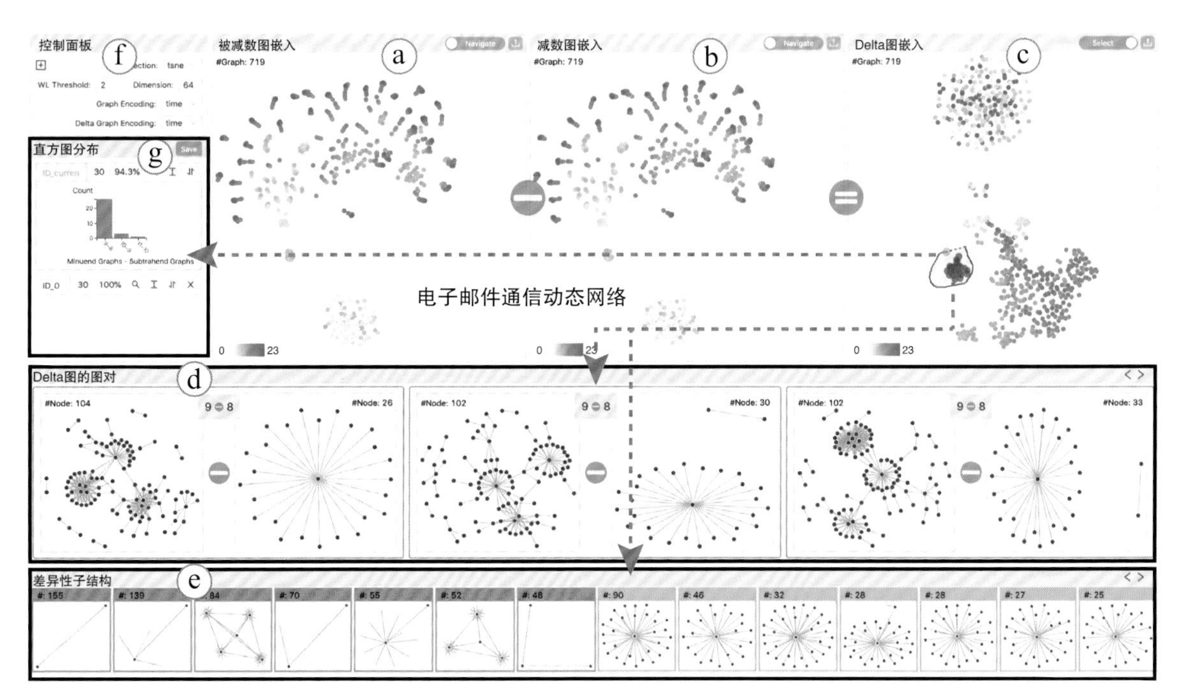

图5　我们的系统的界面。（a）一组电子邮件图的嵌入（被减数图）。（b）另一组电子邮件图的嵌入（减数图）。（c）:（a）和（b）中两个图之间成对的结构差异（DG）的嵌入。（d）所选DG的图对。（e）所选DG的差异性结构（减少和增加的分别为红色和绿色）。（f）调整超参数的控制面板。（g）分布图显示所选DG的图对分布

异。控制面板［见图5（h）］支持用户选择投影方法和调节嵌入过程中使用的超参数，包括Weisfeiler-Lehman算法的迭代阈值、DG嵌入的维度、图对的相应减法关系以及用于生成额外结构袋表征的重新标记基础。

案例研究

我们邀请了三位图分析和图嵌入的领域专家（专家1、专家2、专家3）来评估我们的方法。在每次研究之前，每位专家都得到了10分钟的指导。我们介绍了合成数据集的模式和每个视图的用法，他们提供了其反馈和发现。

案例1：合成图数据集

专家1是一位图嵌入方面的专家，他想用他的合成图数据集来评估我们的方法。首先，他合成了五种图形：树形图、环形图、星形图、国王图和二分图，每种图形都包含50个节点，它们被视作基础图。然后，专家1创建了四种类型的5节点小图，每种小图被混合到所有基础图中，重复10次。之后，这一混合过程重复五次，总共产生了100张混合图（5种基础图 ×4种小图 ×5次）和5种基础图。这个过程如图6所示。

每张混合图都有一个基础图。例如，图7（a）中的混合图（a）的基础图是一个星形图［见图7（b）］。100张混合图是被减数图，5种基础图是减数图。然后，专家1根据Delta2vec模型为每个图对（混合图、基础图）生成一个DG。

因此，在每个图对中，混合图和基础图之间的结构差异是5节点小图。专家1期望我们的Delta2vec模型能够捕捉到基础图和混合图之间的结构差异。

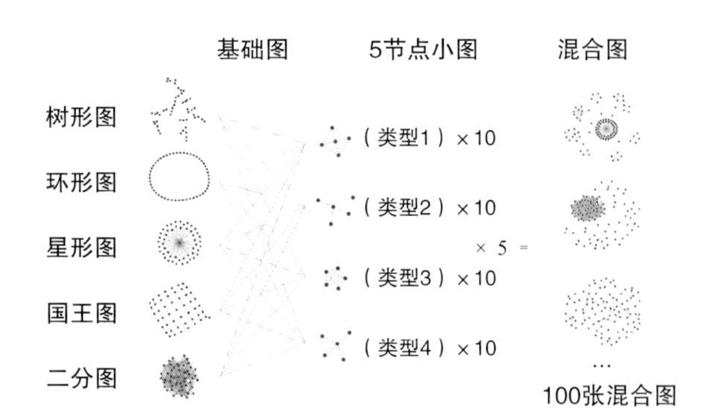

图6　我们创建了5种基础图，并在每种基础图中添加了4种5节点的小图，分别重复10次。我们将这一过程重复5次，总共得到100张混合图

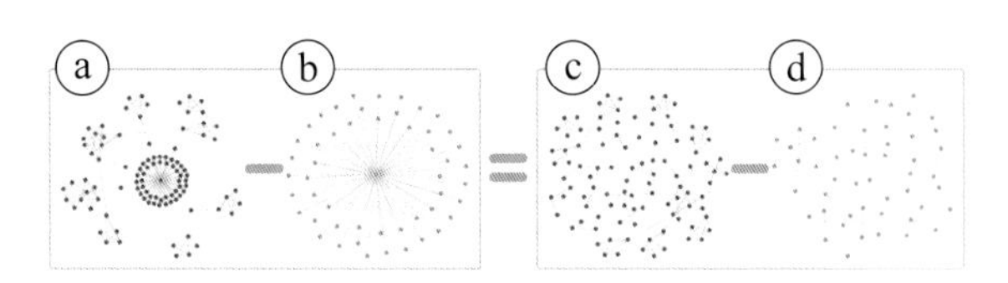

图7　一个类似于（男人）-（女人）=（国王）-（王后）的例子。一张混合图（a）和其基础星形图（b）之间的DG类似于一张具有相同小图的混合图（c）和其基础循环图（d）之间的DG

在导入被减数图和减数图后，生成了DG。我们利用Delta2vec模型生成DG嵌入。嵌入大小为64，Weisfeiler-Lehman算法的迭代次数为两次。

t-SNE被应用于生成低维嵌入。我们的系统使用离散的颜色尺度来编码DG间的四个结构差异（对应四个不同的小图）。他在投影视图中发现了四个不同的集群（任务1）［见图8（c）］。

他单独研究了投影视图中的群组。

差异性子结构视图（任务4）中显示了每个集群中的DG中频繁增加或减少的差异性子结构。此外，图对视图（任务2）中还显示了构成所选DG的减数图和被减数图（即混合图—基础图）。

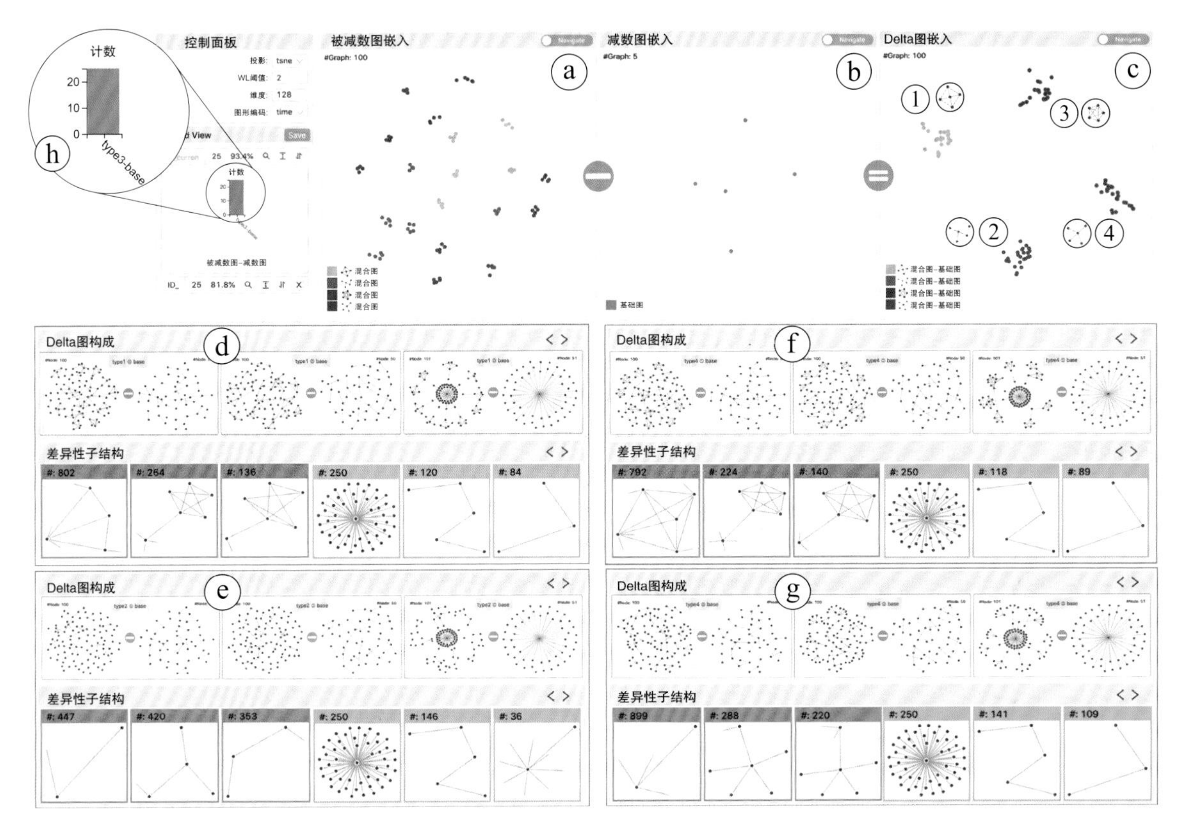

图8 （a）被减数图嵌入。（b）减数图嵌入。（c）DG嵌入，这里采用了t-SNE，形成了四个集群（c1）、（c2）、（c3）、（c4）。（d）显示集群（c1）中的结构差异是1型小图。（e）显示集群（c2）中的结构差异是2型小图。（f）显示集群（c3）中的DG是由3型小图生成的。（g）显示集群（c4）中的结构差异是4型小图

他通过差异性子结构视图中显示的增加的差异性子结构来区分每个集群［见图8（d）~（g）］。根据图对［见图8（f）］，他发现集群（3）的变化模式是5个节点的团的增加，这与集群（3）5个节点的团频繁出现相对应。分布视图显示，被减数图属于类型3（混有5节点团的图），减数图属于类型0（原始图）［图8（h）］。他最终理解了混合图和基础图之间所有类型的结构差异。因此，他得到了不同图形之间的关系：em（G_a-G_b）=em（G_c-G_d），这与（男人）-（女人）=（国王）-（王后）的情况相似。

案例2：电子邮件通信动态网络

电子邮件通信动态网络数据集由ChinaVis 2018挑战赛提供[25]，包含互联网公司HighTech的员工在2017年11月时的电子邮件联系人。该数据集由5548个节点（员工）和45 271个电子邮件联系人组成，为期30天。

我们把一天中从凌晨0点到n点的每个电子邮件联系人视为第n个快照中的一个边。如此一来，第（$n-1$）个快照和第n个快照之间的DG代表了第（$n-1$）个小时和第n个小时之间进行的电子邮件通

信。

除了第（n−1）个小时和第n个小时之间的电子邮件通信网络之外，生成的DG还编码了这些联系人的情境信息。

最后，我们在720个快照（30天 × 24小时）中得到了115 688条动态边。我们通过Delta2vec模型生成DG嵌入（嵌入大小为64，Weisfeiler-Lehman算法的迭代次数为2次）。

如图5所示，专家2首先从投影视图开始分析[见图5（a）、（b）和（c）]。DG的t-SNE降维所产生的圆圈是按一天中的小时来着色标示的。有一个明显的集群包含几乎一半的节点[见图9（i-1），图5（c）]。这个集群中的节点着色为浅蓝色和深蓝色，分别表示清晨和深夜。在研究细节之前，他猜想集群1[见图9（i-1）]中的DG的含义应该是几乎没有通信发生。正如预期的那样，在图对视图和差异性子结构视图中，集群1中每个DG的两个图之间没有结构差异[见图9（a）]。因此，他的结论是，员工从工作中解放出来，工作时间之外可以享受自己的生活。有趣的是，在分布图中，他发现员工的下班时间只持续了10个小时（22:00-8:00）[见图9（e）]。

之后，他注意到左下方有两个小集群[图9（i-2和i-4）]。首先，他选择了集群2来了解细节。分布图显示，集群2中几乎所有的节点都是8:00到9:00之间的DG[见图9（f）]。在图对视图和差异性子结构视图中可以观察到结构。图9（b）中显示了两个具有代表性的例子。可以看到，一对多的沟通开始减少，而一对一和多对多的沟通增加。也就是说，在8:00和

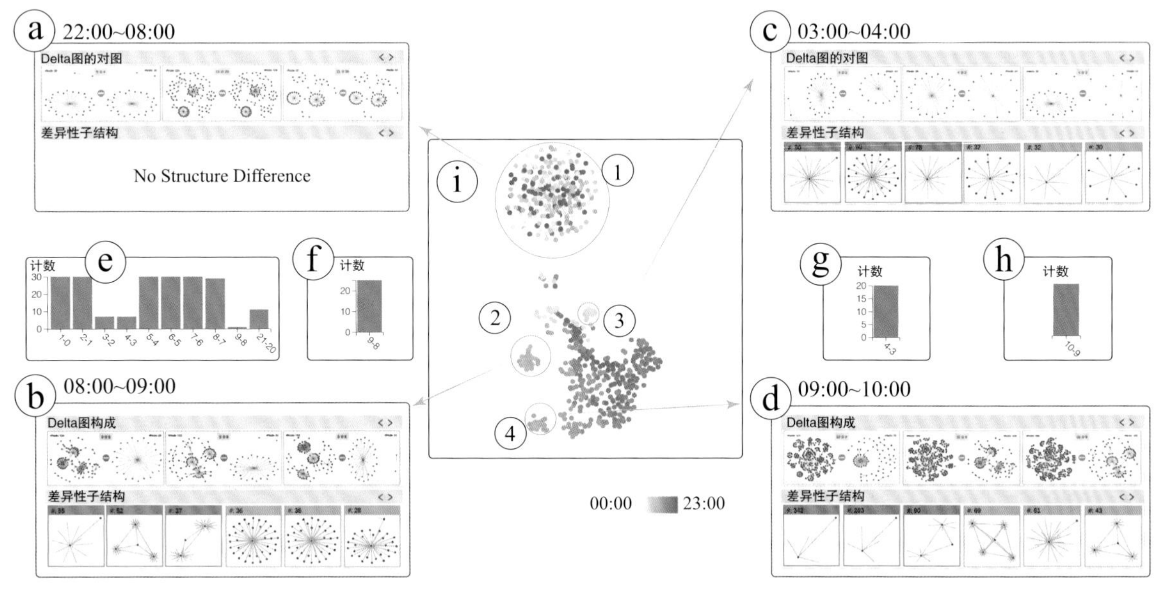

图9　四个集群代表四种不同的电子邮件沟通模式（i）。（a）表示在集群1中没有发生联系，分布视图（e）显示集群1中的DG是22:00到08:00的。（b）说明在集群2中开始出现一对一的电子邮件，分布视图（f）显示该模式出现在8:00到9:00之间。（c）说明在集群3中，群发了邮件（一对多邮件），直方图（g）显示发送时间在3:00到4:00之间。（d）揭示了电子邮件通信网络（集群4）从9:00到10:00变得更加复杂（h）

9:00之间，员工开始工作。接下来，他研究了集群4。集群4包含了9:00到10:00之间产生的DG［见图9（h）］，此时群组邮件消失，一对一的邮件出现［见图9（d）］。专家2推断，集群2和4表达了员工开始工作时的沟通模式。

除了这些集群，他还注意到有一个小集群［见图9（i-3）］，在图对视图和差异性子结构视图中，星形图案出现最多［见图9（c）］。有趣的是，在分布视图中，他发现集群4中的DG都在03:00和04:00之间［见图9（g）］。在调查了原始数据后，他发现如果员工缺勤，第二天清晨电子邮件服务器会自动向他/她发送邮件。

接下来，专家2想知道16:00到17:00和20:00到21:00的通信模式。他推断，这将是两个下班时间。所以他过滤掉了DG（17:00-16:00和21:00-20:00）并再次使用t-SNE。除了之前发现的集群，又出现了一个集群［见图10（a-1）］。从分布来看，专家2发现这个集群中的DG是在16:00-17:00和20:00-21:00之间［见图10（c）］。这表明这两个时段的通信是相似的，尽管图对视图显示它们的布局是不同的［见图10（b）］。与（男人）−（女人）=（国王）−（王后）的情况相

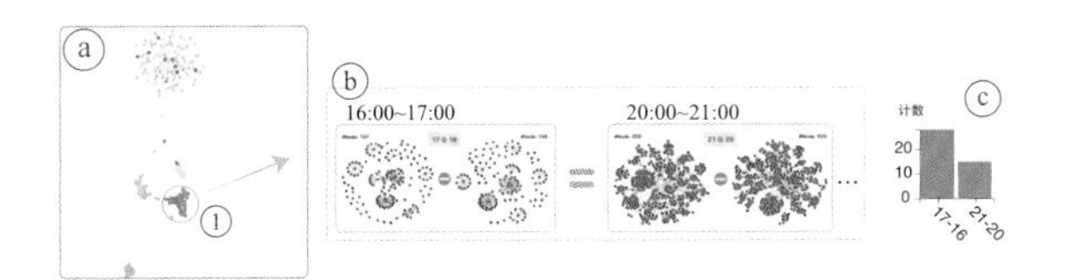

图10　经过过滤和降维，一个包含16:00到17:00和20:00到21:00的DG集群被识别出来（a-1）。（b）显示了两个DG图的例子，第一个是16:00到17:00之间，第二个是20:00到21:00之间。（c）显示集群（a-1）中的DG是在16:00至17:00和20:00至21:00之间

类似，可以发现（17:00-16:00）=（21:00-20:00）。他推断，在17:00和21:00左右，员工可能会去吃晚饭或下班。

案例3：出租车接客动态网络

出租车接客数据集由纽约市出租车和豪华轿车委员会（TLC）的行程记录数据提供。我们关注的是2018年12月的黄色出租车行程。TLC将纽约市划分为一系列出租车区，在动态网络中呈现为节点。此外，出租车出行涉及两个区时，我们用一条边连接它们。我们选择了曼哈顿的一些区域和出租车行程来建立一个动态网络。此外，该动态网络包含124个快照，每个快照对应6小时。因此，每一天被分成四个快照：清晨（00:00-05:59），06:00-11:59（上午），12:00-17:59（下午），18:00-23:59（晚上）。我们通过同样的程序分别在皇后区、布鲁克林区和布朗克斯区得到两个动态网络。我们使用Delta2vec模型生成DG嵌入，嵌入大小为64，Weisfeiler-Lehman算法的迭代次数为2次。

专家3感兴趣的是这些区之间的出租车接客模式的差异。为了进行比较，他将所有的网络导入为被减数图和减数图。我们帮助他构建减法关系，然后生成DG。

在每个DG中，被减数图和减数图都处于两个不同区的同一时期。最后，他总共得到了1488个DG（12种排列组合×31天×每天4个时段）。

首先，在原始图的投影视图中，布鲁克林区和皇后区的集群是混合的［见图11（a1），（b1）］，即它们的出租车接客模式是相似的。根据颜色编码，他选择了代表布鲁克林区—皇后区DG的紫色点［见图11（c1）］。由于地理位置相近，皇后区和布鲁克林区的

出租车司机可能是一样的。因此，布鲁克林区和皇后区的原始图是非常相似的。专家3知道皇后区有两个机场（肯尼迪机场和拉瓜迪亚机场，这是皇后区的交通中心），而布鲁克林区没有机场，所以皇后区和布鲁克林区之间一定有一些微妙的区别。虽然在图对视图中，皇后区和布鲁克林区的原始图的布局看起来很相似［见图11（d）］，但差异性子结构视图显示了它们的差异。绿色的结构［见图11（e）］表明皇后区包含较高中心度星，这代表机场的模式。有趣的是，他发现浅橙色的集群［见图11（c2）］代表了集群（c1）的相反DG，即皇后区—布鲁克林区。这两个集群的相似说明了皇后区—布鲁克林区与布鲁克林区—皇后区相当相似，因为皇后区和布鲁克林区的原始图也很相似。

然后，他关注了各区间其他的差异。由于布鲁克林区和皇后区的相似性，任何其他区与布鲁克林区和皇后区产生的DG都会聚在一起。例如，图11（c2）中的粉色集群和绿色集群分别是皇后区—曼哈顿区和布鲁克林区—曼哈顿区的DG。

专家3发现了一些离群值［见图11（g1）］，都是由12月24日平安夜的布朗克斯区的同一个原始图造成的。在这一天，布朗克斯区不同区域之间的出租车上客量比平时［见图11（f）］更接近［见图11（h）］。因此，在这一天，皇后区—布朗克斯区与皇后区—布鲁克林区更为相似。

实验

性能

我们用两种不同超参数的方法（图2）生成了DG嵌入：Weisfeiler-Lehman算法的迭代阈值（WL迭代），

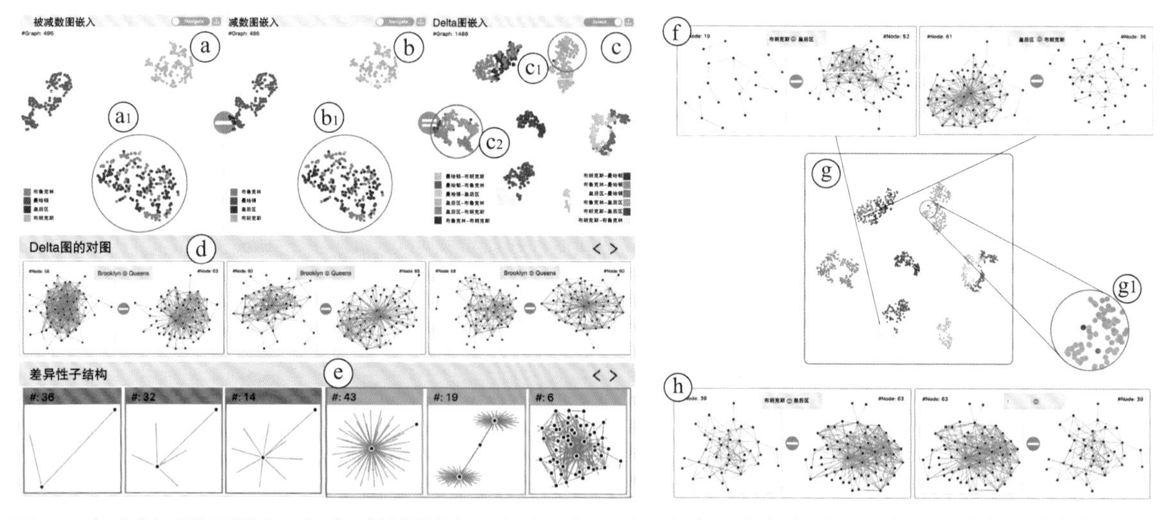

图11 （a）被减数图嵌入。（b）减数图嵌入。在（a1）和（b1）中，布鲁克林区和皇后区的嵌入集中在一起。（c）DG嵌入。（c1）布鲁克林区—皇后区的DG（c2）和布鲁克林区—曼哈顿区与皇后区—曼哈顿区的DG集中在一起。（d）布鲁克林区—皇后区DG的图对。（e）表示皇后区包含较高的中心度数星。（f）布朗克斯区—皇后区和皇后区—布朗克斯区平时的例子。（g）DG嵌入的投影，在（g1）中，专家2找到两个离群点。（h）离群点的图对

以及DG嵌入的维度。使用合成图数据集，包括四种类型的DG来测试Delta2vec模型。计算了四种集群DG嵌入的类间距离和类内距离。此外，使用了两种距离度量：余弦距离和欧氏距离。我们将WL迭代设置为2或3，用来生成带有2跳或3跳邻域信息的子结构。每个子结构都更容易被可视化和理解。

不同的超参数和不同的方法随着距离指标的变化而变化。如表2所示，当我们关注类内距离时，减法与嵌入法在余弦距离度量中表现更好，而嵌入与减法模式在欧氏距离度量中表现更好。将WL迭代次数设置为2，结果会更好。此外，如表3所示，当我们关注类间距离时，将WL迭代设置为2会更好。减法与嵌入模式在欧氏距离度量下效果更好，而嵌入与减法模式在余弦距离度量下表现更好。

表2 类内距离

	WL迭代	维度	欧氏	余弦
减法与嵌入	2	64	2.236	0.898
		128	2.183	**0.902**
	3	64	2.967	0.878
		128	2.872	0.883
嵌入与减法	2	64	**1.467**	0.806
		128	1.481	0.804
	3	64	1.750	0.821
		128	1.748	0.815

表3 类间距离

	WL迭代	维度	欧氏	余弦
减法与嵌入	2	64	3.396	0.714
		128	3.367	**0.716**
	3	64	4.139	0.701
		128	4.088	0.705
嵌入与减法	2	64	3.254	−0.266
		128	**3.252**	−0.270
	3	64	3.997	−0.263
		128	3.944	−0.271

WL迭代设置为3时，工作速度较慢。性能测试也表明，3个WL迭代的效果并不优于2个WL迭代。因此，在我们的实验中，WL迭代的超参数设置为2。

嵌入与减法比减法与嵌入更快，因为每个DG都需要用减法与嵌入的方法输入模型中。通常情况下，DG的数量要大于原始图的数量。

因此，我们选择使用嵌入和减法的方法，并将WL迭代的超参数设置为2。在表2和表3中，64维嵌入在这些设置下效果更好。

学习成本

每位专家都得到了10分钟的指导，了解了我们的Delta2vec模型和可视化分析系统。然后，专家1、专家2和专家3练习了我们的系统。他们觉得准备充分后，就需要实现一个测试，测试中有五个练习，用来测试我们的模型和可视化专家的理解。在练习环节中，三位专家都在五分钟内为测试做好了准备。在测试环节中，专家们准确而快速地完成了所需的测试。测试结束后，我们收集了专家的反馈。三位专家一致认为，我们的系统可以揭示图形间隐藏的结构差异，他们可以找到感兴趣的模式，如有规律的结构差异。除了这三位专家外，我们还邀请了八位专注于图分析的学生进行评估。我们收集了所有参与者对我们系统的学习成本的评分，最终平均分4.72（1：非常难，5：非常容易）。

可用性

在上一节中，参与者还评价了我们的可视化分析系统的可用性，包括他们从我们的系统中找到感兴趣的领域有多容易，以及他们能获得多少有意义的信息。他们给出的平均分是4.73。他们中的大多数人表示，我们的系统可以使交互更容易，只需通过一些简单的操作就可以得到一些有意义的见解。专家2建议，他可以定制想关注的区域，并通过使用套索选择来进行未来的探索。此外，他还说，分布视图帮助他找到了DG之间的相同模式。专家3提到，与他以前研究中使用的其他可视化分析系统相比，我们的系统更加直观和清晰。他认为差异性子结构视图对于比较大尺寸的图形非常有用，因为它揭示了每个子结构的数量信息。

专家评论

我们收集了两位专家的反馈。总体而言，他们对我们的方法和可视化分析系统相当满意。具体来说，专家们高度认可两个方面。首先，他们认为对DG表征的研究支持了语义感知的DG构建和理解的一个新方面。许多现有的工作强调动态图形的演变或图形的聚类分析。少数作品关注DG，但只是基于简单的统计信息。我们提出我们的方法，是为了首次在低维嵌入空间中表示DG，以便进行鉴定和比较。其次，他们还确认了保留了图形间丰富的拓扑结构差异的DG表征方法。详细的结构差异是由两个图形的结构袋的差异产生的。差异性结构可以从结构袋解释DG的潜在含义。整合专家知识和经验以及详细的结构差异可以获得语义信息。具有相同结构差异的DG类似于单词（男人）-（女人）=（国王）-（王后）的语义关系。专家表示，在分析邮件通信动态网络数据时，他发现DG（17:00 - 16:00）和DG（21:00 - 20:00）是相似的。他推断，员工是去吃晚饭或回家了。

此外，两位专家高度评价了我们的可视化分析系统，对其直观性和专业性表示满意。他们可以在投影视图中找到类似的DG表征。差异性子结构视图支持他识别DG的潜在背景或意义。专家们用两种投影方法找到了感兴趣的集群和分布。他们表示，在研究出租车接客动态网络时，可以很容易地选择感兴趣的DG，并识别DG的详细结构差异。他们推断出皇后区拥有更多的高中心度星，这代表了机场的模式。

具体而言，专攻图嵌入的专家1评论称，“这个方法确实为研究图形数据提供了新思路，令人惊叹且实用，我确实发现了有趣的模式。”专家们提出了两条建议：第一，Delta2vec模型应该支持多种结构提取方法，以探索不同的结构表征；第二，该系统应支持与他人分享研究结果，以进行协作分析。

讨论与结论

与现有的工作相比，我们的方法有两个优势：第一，这是为研究结构差异的潜在含义所做的首次尝试，嵌入的DG可以用于比较和分析；第二，我们的方法不需要图对的两个节点之间有一一对应的关系，因此，它可以应用的数据范围更广，如蛋白质交互网络。

这一方法的主要限制在于图形尺寸差异和DG的平衡。两个图形尺寸差异较大时，DG嵌入只保留了较大的图形的子结构作为结构差异。未来，我们计划改进Delta2vec模型，降低尺寸差异的影响。此外，在未来的工作中，我们将有更多考量。

本文提出了一种新的可视化分析方法，用于研究图形结构差异关系，包括语义感知的DG构建、分析和比较。我们将图形分析的问题分为图形的表征、量化、探索和比较。在表征和量化方面，我们提出了新的DG表征和量化技术——DG2vec嵌入。我们通过三个数据集的案例研究，验证了我们的方法的可用性和有效性。

未来，我们希望设计一个基于草图的界面，允许查询DG，并支持多个用户的协作分析。我们还计划修改我们的方法，使其适用于大尺寸图形。此外，我们将改进Delta2vec模型，以降低尺寸差异的影响。

致谢

本研究得到了国家自然科学基金委员会61772456和U1736109的部分资助，以及浙江省自然科学基金委员会（LY21F020029）的部分资助。

参考文献

[1] B. Bach, E. Pietriga, and J.-D. Fekete, "GraphDiaries: Animated transitions and temporal navigation for dynamic networks," *IEEE Trans. Vis. Comput. Graphics*, vol. 20, no. 5, pp. 740–754, May 2014.

[2] D. W. Archambault,H. C. Purchase, and B. Pinaud, "Differencemap readability for dynamic graphs," in *Proc. Graph Drawing—18th Int. Symp.*, GD, Konstanz, Germany, Sep. 2010, pp. 50–61.

[3] J.Xu, Y. Tao, Y. Yan, andH.Lin, "Exploring evolution of dynamic networks via diachronic node embeddingsa," *IEEE Trans. Vis. Comput. Graphics*, vol. 26, no. 7, pp. 2387–2402, Jul. 2020.

[4] D.T. Nhon, N.Pendar, and A. G. Forbes, "TimeArcs: Visualizing fluctuations in dynamic networks," *Comput. Graphics Forum*, vol. 35, no. 3, pp. 61–69, 2016.

[5] G. Li, M. Semerci, B. Yener, and M. J. Zaki, "Graph classification via topological and label attributes," in *Proc. 9th Int. Workshop Mining Learn.* Graphs, San Diego, CA, USA, vol. 2, 2011, pp. 1–9.

[6] A. Grover and J. Leskovec, "node2vec: Scalable feature learning for networks," in *Proc. 22nd ACM SIGKDD Int. Conf. Knowl. Discov. Data Mining*, San Francisco, CA, USA, Aug. 13–17, 2016, pp. 855–864.

[7] A. Narayanan, M. Chandramohan, R. Venkatesan, L. Chen, Y. Liu, and S. Jaiswal, "Graph2vec: Learning distributed representations of graphs. computing research repository," in *Proc. 13th Int. Workshop Mining Learn. Graphs (MLG)*, 2017.

[8] T. Mikolov, I. Sutskever, K. Chen, G. S. Corrado, and J. Dean, "Distributed representations of words and phrases and their compositionality," in *Proc. 27th Annu. Conf. Neural Inf. Process. Syst. Proc. Meeting Held Dec.*, Lake Tahoe, NV, USA, 2013, pp. 3111–3119.

[9] H. Cai, V. W. Zheng, and K. C.-C. Chang, "A comprehensive survey of graph embedding: Problems, techniques, and applications," *IEEE Trans. Knowl. Data Eng.*, vol. 30, no. 9, pp. 1616–1637, Sep. 2018.

[10] S. Cao, W. Lu, and Q. Xu, "Grarep: Learning graph representations with global structural information," in *Proc. 24th ACMInt. Conf. Inf. Knowl.Manage.*, Melbourne, VIC, Australia, Oct. 19–23, 2015, pp. 891–900.

[11] S. Cavallari, V. W. Zheng, H. Cai, K. Chen-ChuanChang, and E. Cambria, "Learning community embedding with community detection and node embedding on graphs," in *Proc. ACM Conf. Inf. Knowl. Manage.*, Singapore, Nov. 06–10, 2017, pp. 377–386.

[12] M. Gleicher, D. Albers, R. Walker, I. Jusufi, C. D. Hansen, and J. C. Roberts, "Visual comparison for information visualization," *Inf. Vis.*, vol. 10, no. 4, pp. 289–309, 2011.

[13] K. Andrews, M. Wohlfahrt, and G. Wurzinger, "Visual graph comparison," in *Proc. 13th Int. Conf. Inf. Vis.*, 2009, pp. 62–67.

[14] B. Alper, B. Bach, N. H. Riche, T. Isenberg, and J. -D. Fekete, "Weighted graph comparison techniques for brain connectivity analysis," in *Proc. SIGCHI Conf. Hum. Factors Comput. Syst.*, 2013, pp. 483–492.

[15] D. W. Archambault, "Structural differences between two graphs through hierarchies," in *Proc. Graphics Interface Conf.*, Kelowna, BC, Canada, May 2009, pp. 87–94.

[16] N. Shervashidze, P. Schweitzer, E. J. V. Leeuwen, K. Mehlhorn, and K. M. Borgwardt, "Weisfeiler–Lehman graph kernels," J. *Mach. Learn. Res.*, vol. 12, pp. 2539–2561, 2011.

[17] N. Shervashidze, S. V. N. Vishwanathan, T. Petri, K. Mehlhorn, and K. Borgwardt, "Efficient graphlet kernels for large graph comparison," in *Proc. 12th Int. Conf. Artif. Intell. Statist.*, AISTATS, Clearwater Beach, FL, USA, Apr. 16–18, 2009, pp. 488–495.

[18] M. Zhang, Z. Cui, M. Neumann, and Y. Chen, "An end-to-

关于作者

韩东明 目前在浙江大学CAD&CG国家重点实验室攻读博士学位。研究兴趣包括信息可视化、图形可视化和可视化分析。2017年在浙江大学获得软件工程学士学位。联系方式：dongminghan@zju.edu.cn。

潘嘉铖 目前在浙江大学CAD&CG国家重点实验室攻读博士学位。研究兴趣包括信息可视化、图形可视化和可视化分析。2017年在浙江大学获得软件工程学士学位。联系方式：panjiacheng@zju.edu.cn。

谢聪 美国Facebook科学家。研究兴趣包括信息可视化、可视化分析及机器学习。2018年在石溪大学获得计算机科学博士学位。联系方式：xiecng@gmail.com。

赵晓东 目前在浙江大学CAD&CG国家重点实验室攻读硕士学位。研究兴趣包括信息可视化、图形可视化和可视化分析。2019年在浙江大学获得软件工程学士学位。联系方式：zhaoxiaodong@zju.edu.cn。

罗笑南 桂林电子科技大学教授。研究兴趣包括计算机图形和图像计算。1991年在大连理工大学获得计算数学博士学位。联系方式：luoxn@guet.edu.cn。

陈为 浙江大学CAD&CG国家重点实验室教授。研究兴趣包括可视化、可视化分析和生物医学图像计算。2002年在浙江大学获得数学博士学位。本文通讯作者。联系方式：chenvis@zju.edu.cn。

end deep learning architecture for graph classification," in *Proc. AAAI Conf. Artif. Intell.*, vol. 32, 2018, pp. 4438–4445.

[19] K. Xu, W. Hu, J. Leskovec, and S. Jegelka, "How powerful are graph neural networks?," in *Proc. 8th Int. Conf. Learn. Representations*, 2019.

[20] T. G€artner, P. A. Flach, and S. Wrobel, "On graph kernels: Hardness results and efficient alternatives," in *Proc. 16th Annu. Conf. Comput. Learn. Theory Kernel Mach.*, Washington, DC, USA, Aug. 24–27, 2003, pp. 129–143.

[21] K. M. Borgwardt and H. -P. Kriegel, "Shortest-path kernels on graphs," in *Proc. 5th IEEE Int. Conf. Data Mining*, Houston, TX, USA, 2005, pp. 74–81.

[22] V. QuocLe and T. Mikolov, "Distributed representations of sentences and documents," in *Proc. 31th Int. Conf. Mach. Learn.*, Beijing, China, 2014, pp. 1188–1196.

[23] D. Han, J. Pan, X. Zhao, and W. Chen, "NetV.js: A webbased library for high-efficiency visualization of largescale Graphs and networks," *Vis. Inform.*, vol. 5, no. 1, pp. 61–66, 2021.

[24] L. van der Maaten and G. Hinton, "Visualizing data using t-SNE," *J. Mach. Learn. Res.*, vol. 9, pp. 2579–2605, 2008.

[25] Chinavis 2018 challenge. Accessed: Aug. 2021. [Online]. Available: http://chinavis.org/2018/challenge.html#.

（本文内容来自IEEE Computer Graphics and Applications Sep./Oct. 2021） Computer Graphics

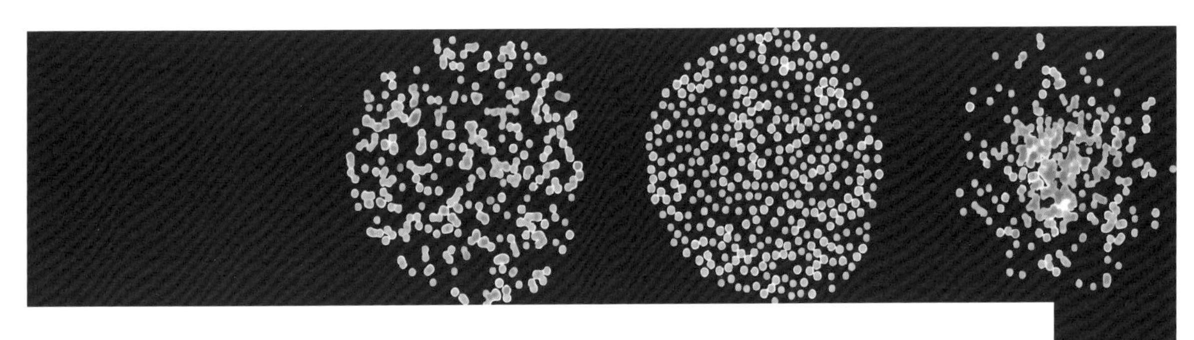

散点图中的视觉聚类因子

文 | Jiazhi Xia, Weixing Lin, Guang Jiang　中南大学
Yunhai Wang　山东大学
Wei Chen　浙江大学
Tobias Schreck　格拉茨技术大学
译 | 闫昊

聚类分析是数据分析中的一项重要技术。然而，目前还没有关于散点图的综合理论来评估聚类。人类的视觉感知被认为是评估聚类的金标准。基于人类视觉感知的聚类分析需要许多先驱者参与，以获得多样化的数据，因此是一项具有挑战性的工作。我们对大型散点图数据的视觉聚类进行了人类感知的经验性和数据驱动型研究。第一，我们系统地构建和标记一个大型的、公开可用的散点图数据集。第二，对数据集进行了定性分析，总结了视觉因素对聚类感知的影响。第三，我们使用标记后的数据集来训练用于建模人类视觉聚类感知的深度神经网络。实验表明，数据驱动模型成功地模拟了人类的视觉感知，并在合成数据集和真实数据集上优于传统的聚类算法。

聚类是许多领域中的一项关键数据分析技术，特别是在非监督数据分析和探索方面。但是，聚类的定义是主观的，具体取决于具体的场景。目前对聚类的评价缺乏统一的理论[1]。与特定任务场景中的度量相比，在数据挖掘和机器学习领域中，人类的视觉感知通常被认为是评估聚类算法的金标准[2]。然而，由于涉及人类主体对数据进行标注的要求，这样做的代价很高，而且效率低于自动算法。对于非常大且异构的数据，很难获得人工标注。因此，基于人眼视觉的大数据聚类分析评价仍然是一个悬而未决的问题。

由于人类视觉感知的复杂性，很难理解和建模人类视觉聚类感知。传统的度量方法如欧几里得距离通常被用来计算数据点之间的相似度。然而，它可能忽略环境结构，偏离人类的视觉感知。在可视化领域，人们提出了各种方法来模拟人的视觉感知[2]。然而，这些措施被发现偏离了人类的视觉感知[3]。数据驱动的方法已经被用来对视觉聚类感知进行建模。Borji等人[4]，通过训练深度神经网络，提出了一种数据驱动的聚类方法。然而，由于自动生成的数据标签，他们的方法不能捕捉到人类对视觉聚类的感知。Sedlmair等人[3]，提出了一种基于数据驱动的视觉分类影响因素识别方法。然而，我们认为视觉类分离的认知机制与视觉聚类的认知机制是不同的。在视觉类分离中，类的真实性通过颜色编码呈现给用户。用户需要验证其他视觉因素(如距离和形状)是否可以区分已知的类别。在视觉聚类中，聚类的真实性是未知的。用户需要通过除颜色之外的视觉因素来识别群集。因此，识别簇的认知机制仍不清楚。

为了填补这一研究空白，我们对散点图数据中的视觉聚类进行了数据驱动的研究。首先，我们构建了一个代表人类视觉聚类感知的标签散点图数据集，通过文献分析和专家审查确定了一组合适的视觉聚类因素，基于这些因素，建立了一个系统的数据集，并组织经验丰富的专家对数据集进行标注。其次，对标注后的数据集进行定性分析，找出影响视觉聚类的主要因素，结果表明，视觉聚类的影响因素与视觉类分离的影响因素是不同的。然后，为了对人类视觉感知进行建模，我们基于捕获人类视觉感知的标记数据集构建了卷积神经网络，实验表明，数据驱动模型成功地模拟了人在散点图中对视觉聚类的感知，并在合成数据集和真实数据集上优于传统的聚类算法。

总之，本文的主要贡献包括：

（1）对视觉聚类因素进行系统分析。

（2）为实验合成散点图数据提供合适的方法，并为聚类分析提供合适的数据集。数据集是公开的[1)]。

（3）一个自动的数据驱动的聚类模型，捕捉人类的视觉感知。

近期工作

聚类方法

人们已经提出了一系列基于不同相似性度量的自动聚类算法，如K-Means、DBSCAN、谱聚类、层次聚类等。然而，这些算法仅在特定的任务场景中表现良好。例如，K-Means算法很难识别具有不同协方差的投影中的聚类，这往往与非凸结构数据中的人类判断不符。当样本分布不均匀时，DBSCAN算法的性能下降。通常，用户倾向于反复尝试不同的算法和参数来获得满意的聚类结果。

虽然自动方法通常是特定于场景的，但人类的视觉感知能够引入聚类分析中来克服这个问题。通常，高维数据点被投影到2D空间。人类的视觉能力被用来通过空间邻近性来识别集群。例如，Chen等人[5]使用MDS将项目投影到2D视觉空间，然后在视觉空间中执行DBSCAN。最近，Wenskovitch等人[6]得出结论，聚类降维预处理是可视化中的典型流水线。

散点图的视觉感知

关于散点图视觉感知的理解和建模已经有了一系列的研究。Scagnostics[7]基于图论对散点图中数据点的分布进行建模和分类。提出了9个基于图的度量方法来评估散点图之间的相似性。Pandey等人[8]进行了一项用户研究，以调查散点图的感知相似性，发现Scagnostics的测量方法与典型的人类视觉知觉不是很一致。Ma等人[9]生成了一组散点图三元组，在散点图中表达了人的感知，并训练了一个深度学习模型来捕捉散点图图像中的相似性。

关于散点图中视觉聚类感知的相关研究很少。

1）https://github.com/WeiStaring/Visual-Clustering-Factors-inScatterplots。

Sedlmair等人[3]发现了影响视觉类分离的视觉因素。Tatu等人[10]在散点图中提出了类密度、类分离和密度直方图三种度量方法。SIPS等人[2]提出了一种类一致性方法来选择散点图。Wang等人[11]提出了一种感知驱动的线性投影方法，最大化散点图中的类分离。然而，如前所述，视觉类分离的认知机制与视觉聚类的认知机制是不同的。视觉聚类的感知仍有待探索。主要的挑战是人类视觉聚类感知的复杂性和视觉聚类数据集的缺乏，这激发了我们的工作。

数据集生成和标记

我们使用数据驱动的方法来分析和建模人类对视觉聚类的感知。由于视觉聚类没有高质量的数据集，我们提出了一种系统的数据集生成方法。我们确定了数据集的三个要求：第一，数据集应该覆盖尽可能多的影响散点图中视觉聚类的影响因素；第二，数据集的大小应该足够大，能够训练一个高质量的深度学习模型。第三，数据集的大小应该是适当的，以使手动标注变得实用。我们应该考虑最后两个需求之间的权衡。首先，我们将问题简化为只包含两个聚类，以降低数据需求，对于这一视觉聚类感知问题的初步研究，两个聚类的情况将足够复杂。其次，我们利用数据增强技术来增强数据集。利用这两种策略，我们将数据规模限制在5万左右，这与Ma等人的规模相同[9]。

候选因素

通过文献研究和专家评审，对散点图中的视觉因素进行了研究。我们参考了信息可视化领域的相关研究作为候选因素[3,12]，邀请了五位经验丰富的专家（I1～I5），来检查在线发布的现有聚类数据集[3,13]，并确定潜在的因素。I1和I2主要从事信息可视化；I3主修深度学习研究；I4研究聚类算法；I5从事网络分析研究，具有一定的聚类分析经验。有四名男性专家和一名女性专家。他们的平均年龄是31岁。所有的专家都有正常的视力。未报告色弱、色盲或其他视力障碍。所选择的候选视觉聚类感知因素如表1所示。

表1　候选视觉感知因素

因素	聚类内定义	聚类间定义
面积	聚类覆盖面积	两个聚类之间的面积比
密度	单位面积内的数据点数	两个聚类之间的密度差异
纹理	纹理类型	两种纹理的相似度
形状	聚类边界	两个形状之间的感知距离
位置	–	两个聚类之间的空间关系
距离	–	两个聚类边界之间的距离
角度	–	两个相连边界之间的角度
噪声	噪声密度	–

其中，面积、密度、纹理和形状四个因素描述了单个聚类；包括位置、距离和角度在内的其他因素描述了两个群集之间的关系；噪声是导致视觉聚类感知障碍的全局因素。有了这些因素，我们就可以通过在因子空间中进行采样来构建散点图数据集。为了控制样本数量，我们将每个因素的值离散为几个级别。

面积：面积是指单个聚类覆盖的面积。我们用“平方像素”来衡量它。两个聚类之间的面积变化被定义为两个聚类之间的面积比。比例范围设置为1:1到5:1的五个级别。

密度：密度是指单位面积内数据点的数量。它的单位是“数字/平方像素”。两个聚类之间的密度差异是指它们的密度的差异，设置为0、0.3、0.6、0.9、1.2、1.5六个级别。

纹理：纹理是指数据点的分布类型。如图1(a)所示，纹理包括均匀随机(uniform random，UR)、等距(equidistant，EQ)和一个密集光斑(one dense spot，ODS)三种类型。当两个团聚类服从不同的分布时，就会有不同的纹理。

形状：形状是指聚类边界形成的轮廓。为了生成尽可能多的轮廓类型，我们提出了基于多边形的形状、基于样条的形状和基于曲线的形状三种基本的形状类型，如图1(b)所示，基于多边形和基于样条的形状的轮廓由随机锚点控制。基于曲线的形状由样条线定义，其局部曲率是随机生成的。此外，我们还向形状添加约束，使其与位置、距离和角度保持一致。例如，如图1(c)所示，在包含中，外部聚类的形状需要包括内部边界和外部边界。使用Torsello等人提出的基于感知的方法计算了两个聚类形状之间的感知距离[14]。在实验数据集中，我们将形状之间的距离归一化为[0，1]。

位置：位置是指两个集群之间的空间关系。根据Chan等人[15]和Cohn等人[16]对空间位置关系的定义，我们将两个簇之间的空间关系划分为分离、接触、相邻、重叠、相交和包含六种类型，如图1(c)所示。

距离：距离是两个聚类的边界之间的距离。它只在位置分离和重叠时定义。该距离设置为10像素、20像素和30像素三个级别。

角度：角度是指两个相邻聚类的轮廓之间的角度。它仅在位置为相邻位置时定义。如图1(d)所示，角度设置为30°、60°、90°、120°、150°和180°六个级别。

噪声：我们将随机噪声添加到数据集中，以分析噪声对视觉聚类感知的影响。噪声密度设置为0、0.1、0.2、0.3、0.4和0.5六个级别。

数据集合成和收集

数据集合成

有了视觉因子，我们就可以在因子空间中进行采样，生成散点图数据集。我们提出了一种基于因子空间均匀采样的无偏散点图生成方法。散点图的生成需要8个因素的抽样，但各因素的顺序是相互影响的。例如，距离和角度系数仅在某些类型的系数位置中定义，必须在距离和角度之前对位置进行采样。因此，我们使用以下顺序来生成散点图：位置、距离、角

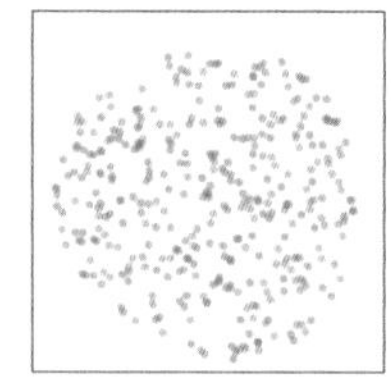
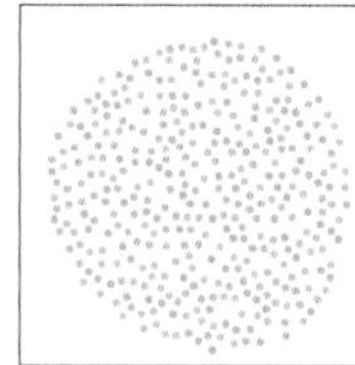
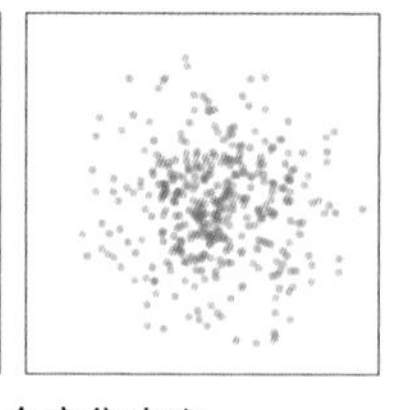

(a) 三种纹理因子：均匀随机、等距和一个密集光斑

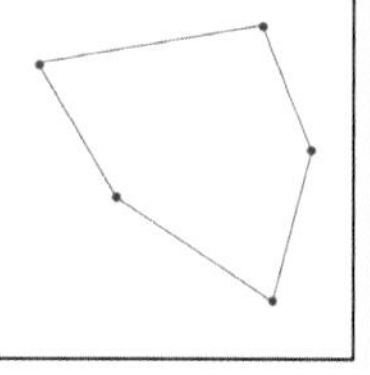
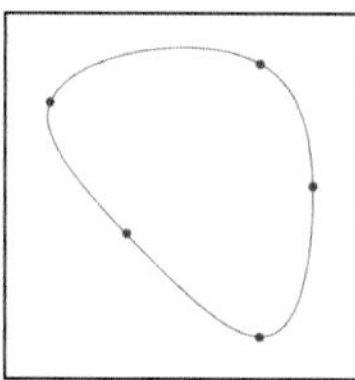
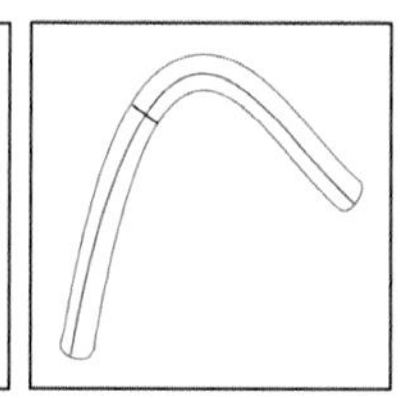

(b) 三种类型的形状因子：基于多边形、基于样条线和基于曲线

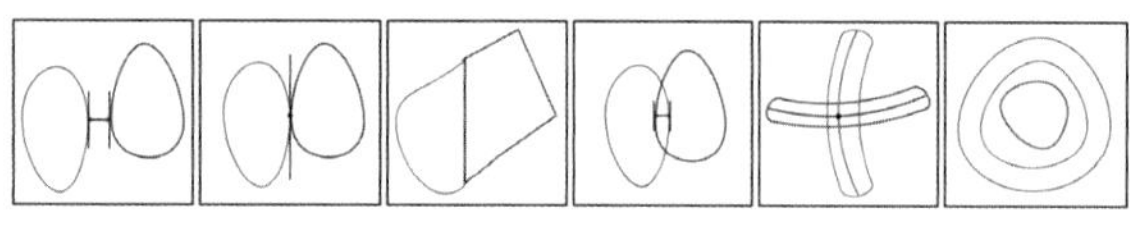

(c) 六种位置因子：分离、接触、相邻、重叠、相交和包含

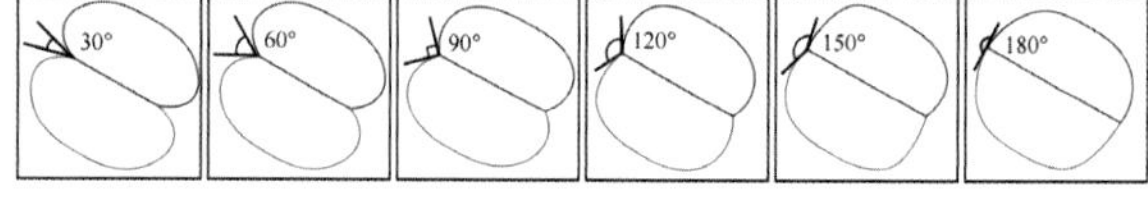

(d) 六种角度因子：由其相连的边界形成的角度为 30°、60°、90°、120°、150°和 180°的两个聚类

图1　四个不同因素的概述。每个子图的标题从左到右显示了不同类型的系数

度、形状、面积、密度、纹理、噪声。请注意，因素的顺序并不表示它们感知重要性的顺序，而仅表示抽样的顺序。

接下来，我们为每个候选因素生成一个受控数据集，以支持每个因素的分析。因素的受控数据集由该组生成。每组包含 n 个散点图，其中 n 是目标因子的水平数。这 n 个散点图具有不同的目标因子值，并且在所有其他因子中共享相同的值。其他因素的值按上述顺序随机生成。除了受控数据集，我们还随机抽样了1万个散点图，以涵盖更多的病例。表2记录了合成数据集的详细信息。

表2　每个因素的合成数据集的详细信息

受控因素	种类数	组数	数据实例数
位置	–	–	2400
面积差异	5	663	3315
密度差异	6	1288	7728
纹理差异	6	1375	8250
形状差异	–	2800	2800
距离（分离）	3	726	2178
距离（重叠）	3	333	999
角度	6	199	1194
噪声	6	2000	12 000
无	–	–	10 000
总和			50 864

真实数据集集合

我们还从UCI知识库和Sedlmair等人的工作中收集了真实的数据集[3]。在合并冗余的数据集之后，我们得到了51个截然不同的数据集。对于包含两个以上聚类的数据集，我们在生成散点图时生成两个聚类的所有可能组合。然后利用主成分分析(principal component analysis，PCA)和t分布随机邻域嵌入(t-distributed Stochastic neighbor embedding，t-SNE)将高维数据投影到二维空间。最后，我们得到了1945个散点图。

散点图渲染

在完成数据合成和采集后，利用D3.js将数据实例渲染为散点图图像。画布大小设置为256 × 256像素，背景为白色。这些点以钢蓝色[RGB(70130180)]渲染，半径为3像素，不透明度为0.5。半透明的圆点有助于感知密度。

数据集标注

有两个标注任务：

（1）分类：指示散点图中是否有两个聚类。

（2）识别：识别散点图中的两个聚类。

在两个标注任务中，每个散点图由三位专家进行标注，减少了个人偏见对结果的影响。

在分类任务中，如果专家表示散点图包含两个聚类，则将散点图标记为正，反之亦然。每个散点图的三个标签通过多数投票合并为一个。最后，将数据集分为29 807个正样本和23 002个负样本。

这29 807个正样本在识别任务中被进一步标记。每个像素只有一个唯一的标签。当两个聚类中的两个点相互重叠时，通过套索标记来确定重叠像素的标签。我们不是直接合并三个标签，而是选择与其他两个标签相似度最高的标签作为最终标签。首先，我们提出了一种基于Jaccard距离的两个标签之间距离的定义。A 和 B 是散点图的两个标签。A 包含两个聚类 A_1 和 A_2，B 包含两个聚类 B_1 和 B_2。在不失一般性的前提下，我们假设 $J(A_1, B_1)<J(A_1, B_2)$，其中 $J()$ 是Jaccard距离。上述过程确保了 (A_1, B_1) 比 (A_1, B_2) 具有更多

的公共数据点。其次，我们定义了A和B之间的相似性，如下式所示

$$M(A,B)=2*\frac{|A_1\cap B_1|}{|A_2\cap B_2|}-1 \tag{1}$$

在标注过程中，我们采用以下两种策略来保证标注结果的质量：

（1）随机排列散点图的顺序。同一组中的数据集之间有很大的相似性，学习效果会导致标注偏差，因此，我们随机打乱散点图的出现顺序。

（2）被迫休息。在连续标记了300个散点图后，专家们将被迫休息5分钟，以防止视觉疲劳。

分析感知聚类的因素影响

我们定性分析了视觉因素对视觉聚类的影响。首先，我们统计散点图图像上的四种标记结果：3个正样本和0个负样本，2个正样本和1个负样本，1个正样本和2个负样本，以及0个正样本和3个负样本。其次，通过观察不同因素值下标注结果所占比例的变化，分析了各因素对标注结果的影响。

位置变化：图2(a)显示了位置因素的标注结果。我们有以下三个发现：

（1）位置因素有效地影响了视觉聚类知觉。蓝色曲线表明，不同类型的位置因素对视觉聚类知觉有显著影响。

（2）3种正样本率以分离(97.5%)最高，其次是接触(87.75%)和相交(82.50%)。

（3）位置因素影响其他因素的有效性。例如，在分离的情况下，97.5%的散点图被标记为3个正样本。这表明其他视觉感知因素被忽略了。

形状变化：如图2(b)所示，我们没有观察到形状因素影响视觉聚类感知。随着形状变化的增大，视图中的曲线没有明显的上升或下降趋势。

噪声变化：如图2(c)所示，噪声对视觉聚类感知有显著的负面影响。噪声越密集，识别这两个聚类的难度就越大。

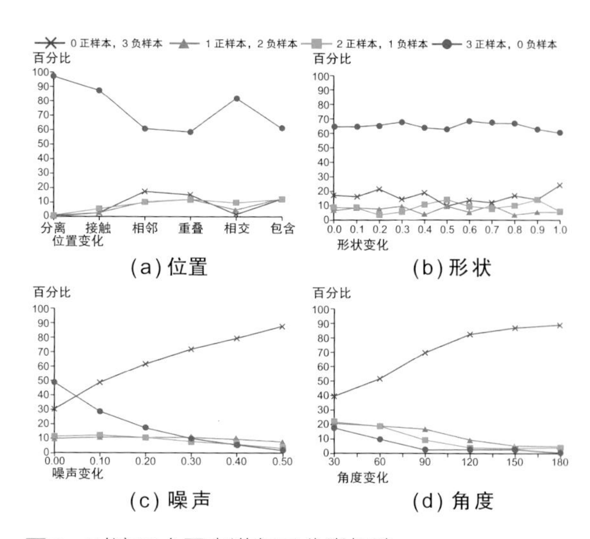

图2　对这四个因素进行了分类标注

角度变化：如图2(d)所示，角度也是影响视觉聚类感知的因素。随着角度值的增大，3种负样本的百分比从39.7%增加到89.45%。

距离变化：如图3所示，结果表明距离是一个有效的视觉聚类感知因素。随着距离的增加，分离的聚类更容易识别，而重叠的聚类则更难识别。

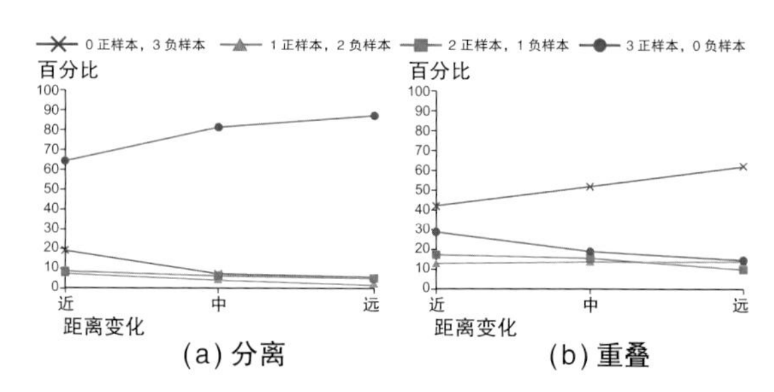

图3　分类任务对两类距离的标注结果

纹理变化：图4显示了纹理因素的标记结果，其中纹理对(即UR-UR)表示散点图中两个群集的纹理类型。

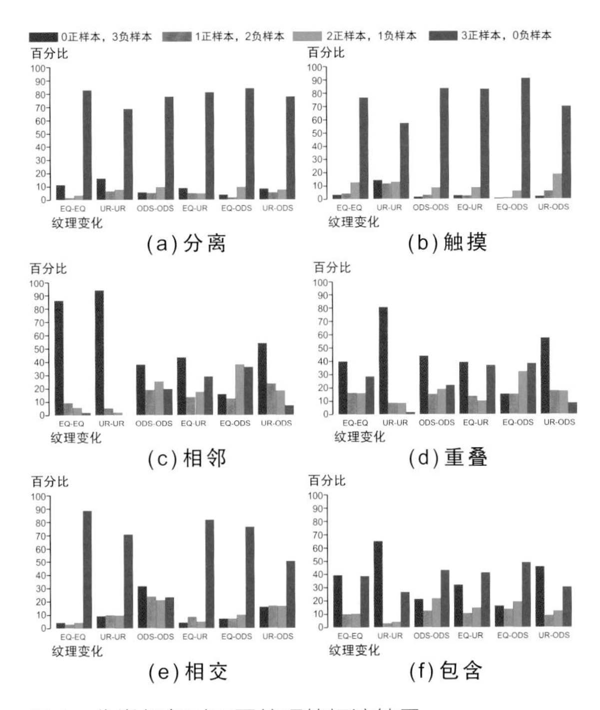

图4　分类任务对不同纹理的标注结果

我们得出了以下三个发现：

（1）纹理因素有效地影响视觉聚类感知。图4显示出具有相同纹理(如EQ-EQ和UR-UR)的两个聚类比具有不同纹理(如EQ-UR和EQ-ODS)的两个聚类更难视觉上识别。

（2）位置因素影响纹理因素的有效性。例如，在分离中，如图4(a)所示，所有类型的纹理对中的大多数散点图被标记为3个正样本，这表明在分离中，纹理因素的有效性是有限的。此外，相同的纹理组合在不同的位置类型下具有不同的表现。例如，在图4(c)中的相邻中，EQ-EQ中的几乎所有散点图都被标记为3个负样本。在重叠时，如图4(d)所示，EQ-EQ中28.48%的散点被标记为3个正样本。

（3）研究发现，ODS分布对视觉聚类知觉的影响不同于EQ和UR。例如，在相邻中，如图4(c)所示，ODS-ODS比EQ-EQ和UR-UR更容易识别。而在相交上，ODS-ODS比EQ-EQ和UR-UR更难识别。

密度变化：图5显示了密度因素的标记结果。我们有以下两个发现：

（1）密度因素有效地影响了视觉聚类感知。图5显示，随着密度的变化，结果会有很大不同。

（2）密度因素在不同位置类型下的影响程度不同。如图5(c)和(d)所示，红色和蓝色曲线的交点在相邻和重叠方面不同，这表明在重叠时，需要更高的密

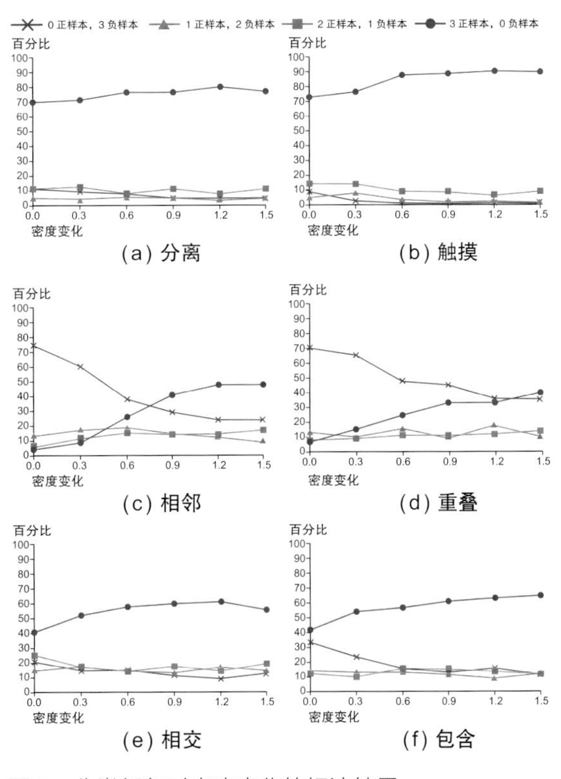

图5　分类任务对密度变化的标注结果

度才能使专家能够识别两个群集。

面积变化：图6显示面积因素不能有效地影响视觉聚类感知。在所有类型的位置因素中，随着面积变化的增大，曲线的趋势不明显。

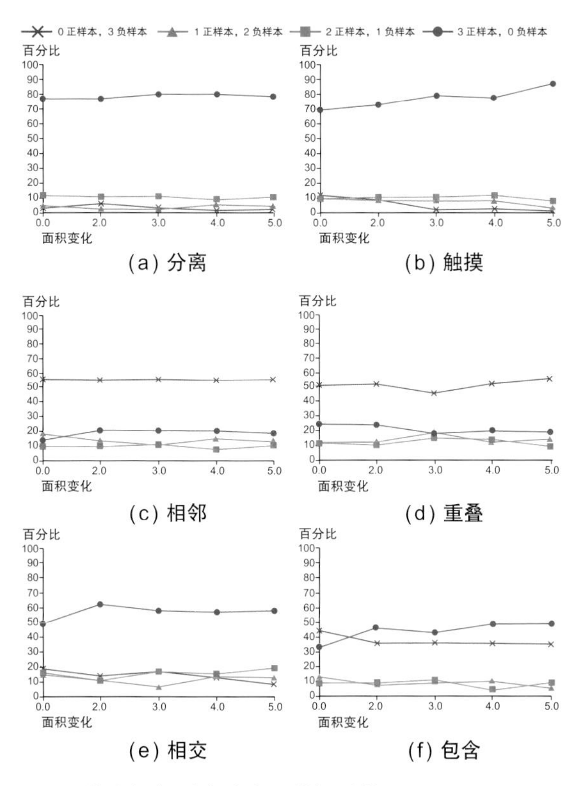

图6　分类任务对密度变化的标注结果

通过对各个候选因素的统计分析，发现位置、距离、纹理、角度、密度、噪声等因素都会影响视觉聚类中的视觉因素。而形状变化和面积变化则影响不大。在影响因素中，位置因素是视觉聚类感知的决定性因素。分析结果表明，影响视觉聚类的视觉因素与视觉类分离的视觉因素不同。

构建模型

接下来，我们建立一个模型来模拟人类的视觉感知。由于卷积神经网络能够捕捉多层次的视觉特征[17]，我们假设它也能够对人类的视觉感知进行建模。具体地说，我们进行了分类任务和识别任务，如表3所示。在分类任务中，模型指示散点图中是否存在两个聚类。在识别任务中，该模型识别散点图中的两个聚类。对于这两个任务，我们按照6:2:2的比例将数据集分为训练集、验证集和测试集，分别建立了基于VGG16[18]的分类模型和基于FCN-VGG16[19]的识别模型，这两个模型分别基于Tensorflow和Keras。这些模型是在配备英特尔i9 7900x CPU的工作站上构建的。使用4个GTX 1080Ti GPU对模型进行训练。

表3　两个任务的介绍

任务	分类	识别
模型	VGG16	FCN-VGG16
训练集规模	30581	17883
验证集规模	10173	5962
测试集规模	10173	5962
迭代	300	500

分类模型

该模型的输入是具有四个通道(即RGBA)的散点图图像。然后，有五个特征提取层，这与图7中的前五个层一致。之后，有两个大小为4096和512的完全连通的层。模型的输出是一个二值标签，其中1表示输入图像包含两个聚类，0表示输入图像不包含两个聚类。我们使用二元交叉熵作为损失函数。

为了提高模型的训练精度，我们采用了两种图像增强方法对训练集进行增强：第一种是随机上下或左右翻转图像；第二种是随机旋转图像。由于其他增强方法(如缩放、裁剪和平移)可能会改变群集感知结果，因此它们被放弃。

每隔50轮在验证集上验证一次模型，并保存在验证集上执行得最好的模型参数。

识别模型

FCN-VGG16的模型结构如图7所示。FCN-VGG16用卷积层代替了VGG16的两个全连接层。然后，我们增加了卷积层和上采样层来预测图像的像素类别。

由于上采样层的输出是每个像素(聚类1、聚类2或背景)的分类结果，背景像素对于识别任务没有意义，因此有必要对背景像素进行剥离。我们在上采样层之后添加一个背景剥离层来去除背景像素。背景剥离层是无参数的，将输入层和上采样层的结果作为输入，并在内部执行逐个像素的乘法，这是图像抠图中的常见操作[20]。

在得到模型的输出后，我们将像素级的预测结果转换为数据点级别的预测结果。也就是说，在数据点中包含的像素中，具有最大比例的像素类别被用作该点的预测。数据点的正确率由式(1)计算为准确率，即计算预测结果和标记结果之间的相似度。

此外，原始的FCN专用于语义分割，其中每个像素都有其语义标签。然而，我们的问题是识别散点图图像中的两个聚类。这两个聚类之间没有等级差异。为了输出稳定的类别标签，我们通过对两个聚类的标签按照它们在垂直方向上的位置重新排序来调整训练数据。

每100轮在验证集上验证一次模型，并保存在验证集上执行得最好的模型参数。

实验结果

分类模型

在我们的实验中，分类模型的准确率为89.7%。在错误分类的实例中，66%的标签有歧义。这意味着三位专家对这些情况有不同的看法。因此，它们被错误分类是合理的。表4根据不同的因素给出了子集的精确度。在距离因素上的表现很有趣。在分离分类时，分类模型的准确率为96%。相比之下，相交的准确率下降到83.67%。这表明该分类模型在识别散点图中的聚类时分离具有比相交更好的识别性能，这与人眼在散点图中对聚类的视觉感知是一致的。因此，我们认为该模型成功地模拟了人类在散点图中对视觉聚类的感知。

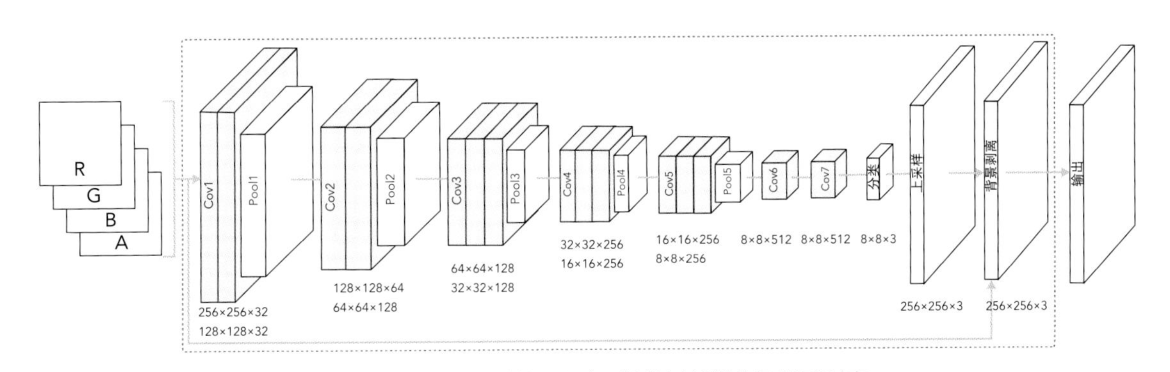

图7　FCN-VGG16的网络结构。从输入到上采样结果添加跳过连接以进行背景剥离

表4　分类模型对不同因素的准确性			
子集	准确率	错误（一致）	错误（分歧）
位置	88.75%	4.79%	6.46%
面积变化	89.22%	6.22%	4.56%
密度变化	86.80%	9.10%	4.10%
纹理变化	89.51%	7.50%	2.99%
形状变化	91.71%	5.49%	2.80%
距离（分离）	96.00%	2.00%	2.00%
距离（重叠）	83.67%	9.33%	7.00%
角度	90.42%	5.83%	3.75%
噪声	88.33%	6.25%	5.42%

识别模型

为了对识别模型进行评估，我们将该模型与常用的聚类算法进行了比较。我们基于scikit-learn库实现了六种常见的自动聚类算法：K-Means、层次聚类算法、DBSCAN算法、均值漂移算法、谱聚类算法、高斯混合聚类（GMM）算法。在评估实验中，我们对聚类方法的参数进行了调整，以获得最佳的性能。

在测试集中识别模型的平均准确率为97.4%。特别是在真实数据集上的平均准确率为96.8%。图8显示了每个聚类算法在不同因素数据集下的准确性。DBSCAN和谱聚类算法在大多数数据集上的性能优于其他四种传统聚类算法。然而，DBSCAN在角度因素数据集上的准确率仅为20.1%，在真实数据集上的光谱聚类准确率仅为52.2%。这表明传统的聚类算法仅限于特定的任务场景。此外，该识别模型在各个因素上都比传统聚类算法具有更好的性能，说明基于视觉感知的识别模型比传统方法能够适应更多的任务场景。

讨论

合成数据集和真实数据集之间的差异

在这篇文章中，我们构建了一个综合数据集来分析人类在散点图中的视觉聚类感知机制。讨论合成数据集和真实数据集之间的差异是很有必要的。

合成数据集和真实数据集之间确实存在统计差异。首先，影响人类视觉感知的因素多于我们选择的因素，合成的数据集部分基于这些因素。其次，在构建合成数据时，因素的范围是有限制的，这就造成了合成数据集与真实数据集之间的差异。虽然合成数据集与真实数据集不同，但我们由专家对合成数据集的标记为他们引入了人类视觉感知的概念。

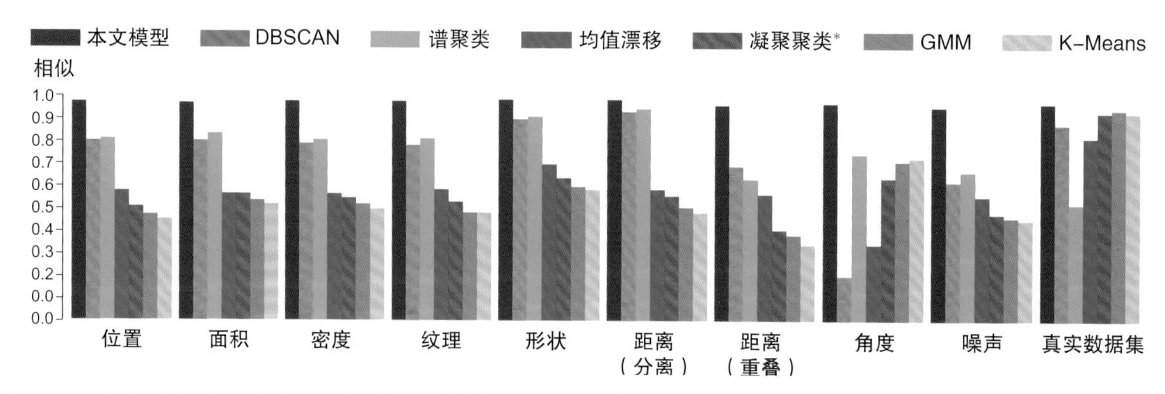

图8　比较了本文的识别模型和传统聚类方法在不同因素下的性能（*：凝聚聚类是层次聚类最常见的种类）

模型的普遍性

在本文中，我们将问题限制在两个聚类的情况下，这就带来了一个问题：该模型能推广到多聚类任务吗？答案是否定的，因为该模型是在两个聚类的情况下学习的。然而，所提出的数据集生成方法可以推广到多聚类任务。我们可以通过重建和重新标记数据集来重新训练新的模型。

结论

我们使用数据驱动的方法对视觉聚类因素进行了定量研究。我们系统地构建了一个代表人类视觉聚类感知的标记散点图数据集。基于标记后的数据集，我们对视觉聚类因素进行了定性分析，揭示了视觉聚类的影响因素，同时构建了卷积神经网络来捕捉人类的视觉感知。实验表明，数据驱动模型成功地模拟了人的视觉感知，并且由所提出的视觉聚类因子驱动的模型的性能优于传统的聚类算法。

然而，我们的方法仍然有一个主要的局限性，即建模的人类视觉感知机制是在双聚类的场景下进行的，这可能不能直接在多聚类的场景下工作。在未来，我们将把它扩展到多聚类感知任务分析，并构建一个可以在更多场景中使用的计算模型。

感谢

这项工作得到了国家自然科学基金61872389和61972122的资助。Tobias Schreck的工作得到了FFG的部分支持，合同编号881844：Pro2Future，该合同由奥地利联邦气候保护、环境、能源、交通、创新和技术部，奥地利联邦数字和经济事务部以及上奥地利和斯特里亚两省赞助的奥地利COMET计划优秀技术能力中心提供资金。COMET由奥地利研究促进机构FFG管理。

参考文献

[1] V. Estivill-Castro, “Why so many clustering algorithms—A position paper,” *ACM SIGKDD Explorations Newslett.*, vol. 4, no. 1, pp. 65–75, 2002.

[2] M. Sips, B. Neubert, J. P. Lewis, and P. Hanrahan, “Selecting good views of high-dimensional data using class consistency,” *Comput. Graphics Forum*, vol. 28, no. 3, pp. 831–838, 2009.

[3] M. Sedlmair, A. Tatu, T. Munzner, and M. Tory, “A taxonomy of visual cluster separation factors,” *Comput. Graphics Forum*, vol. 31, no. 3, pp. 1335–1344, 2012.

[4] A. Borji and A. Dundar, “Human-like clustering with deep convolutional neural networks,” 2017, *arXiv:1706.05048*.

[5] Y. Chen, Q. Chen, M. Zhao, S. Boyer, K. Veeramachaneni, and H. Qu, “Dropoutseer: Visualizing learning patterns in massive open online courses for dropout reasoning and prediction,” in *Proc. IEEE Conf. Vis. Anal. Sci. Technol.*, 2016, pp. 111–120.

[6] J. E. Wenskovitch, I. Crandell, N. Ramakrishnan, L. House, S. Leman, and C. North, “Towards a systematic combination of dimension reduction and clustering in visual analytics,” *IEEE Trans. Vis. Comput. Graphics*, vol. 24, no. 1, pp. 131–141, Jan. 2018.

[7] L. Wilkinson, A. Anand, and R. Grossman, “Graphtheoretic scagnostics,” in *Proc. IEEE Symp. Inf. Vis.*, 2005, pp. 157–164.

[8] A. V. Pandey, J. Krause, C. Felix, J. Boy, and E. Bertini, “Towards understanding human similarity perception in the analysis of large sets of scatter plots,” in *Proc. CHI Conf. Hum. Factors Comput. Syst.*, 2016, pp. 3659–3669.

[9] Y. Ma, A. K. H. Tung, W. Wang, X. Gao, Z. Pan, and W. Chen, “ScatterNet: A deep subjective similarity model for visual analysis of scatterplots,” *IEEE Trans. Vis. Comput. Graphics*, vol. 26, no. 3, pp. 1562–1576, Mar. 2020.

[10] A. Tatu et al., “Automated analytical methods to support visual exploration of high-dimensional data,” *IEEE Trans. Vis. Comput. Graphics*, vol. 17, no. 5, pp. 584–597, May 2011.

[11] Y. Wang et al., “Aperception-driven approach to supervised dimensionality reduction for visualization,” *IEEE Trans. Vis.*

关于作者

Jiazhi Xia 中南大学计算机科学与工程学院教授。研究兴趣包括数据可视化、视觉分析和计算机图形学。2005年和2008年分别获得浙江大学计算机科学与技术学士和硕士学位，2011年在新加坡南洋理工大学获得计算机科学博士学位。联系方式：xiajiazhi@csu.edu.cn。

Weixing Lin 中南大学攻读计算机科学与技术本科学位。2018年以来，一直在中南大学视觉分析实验室担任研究助理。究兴趣包括可视化和深度学习。本文通讯作者。联系方式：571843783@qq.com。

Guang Jiang 2017年和2020年在中南大学获得计算机科学学士和硕士学位。研究兴趣包括可视化和视觉分析。联系方式：jangguang@csu.edu.cn。

Yunhai Wang 山东大学计算机科学与技术学院青岛校区教授。领导着交互式数据探索系统(IDEAS)实验室，该实验室旨在通过设计自动化可视化和可视分析系统来提高人们理解和交流数据的能力。研究集中在这样一个问题上，即我们如何能够自动设计出最适合于在给定输入数据上执行给定任务的有效可视化。联系方式：cloudseawang@gmail.com。

Wei Chen 浙江大学CAD&CG国家重点实验室教授。研究兴趣包括可视化、视觉分析和生物医学图像计算。在可视化和可视化分析方面进行了研究，发表了40多篇IEEE/ACM会刊和IEEE VIS论文。积极参加了许多领先的会议和期刊，如IEEE PacificVIS指导委员会、ChinaVIS指导委员会、IEEE PacificVIS、IEEE LDAV和ACM SIGGRAPH Asia VisSym的论文联合主席。2021年IEEE VIS的地区主席。联系方式：chenvis@zju.edu.cn。

Tobias Schreck 格拉茨技术大学计算机科学与生物医学工程学院计算机图形与知识可视化研究所所长和教授。主要研究兴趣是可视化数据分析和应用三维对象检索。曾在2017年和2018年担任IEEE视觉分析科学与技术会议的项目联合主席，IEEE可视化和计算机图形学报副主编。联系方式：tobias.schreck@cgv.tugraz.at。

Comput. Graphics, vol. 24, no. 5, pp. 1828–1840, May 2018.

[12] C. Ware, *Information Visualization: Perception for Design*. New York, NY, USA: Elsevier, 2012.

[13] J. M. Santos and M. Embrechts, “A family of twodimensional benchmark data sets and its application to comparing different cluster validation indices,” in *Proc. Mex. Conf. Pattern Recognit.*, 2014, pp. 41–50.

[14] A. Torsello and E. R. Hancock, “A skeletal measure of 2D shape similarity,” *Comput. Vis. Image Understanding*, vol. 95, no. 1, pp. 1–29, 2004.

[15] M.-Y. Chan, H. Qu, K.-K. Chung, W.-H. Mak, and Y. Wu, “Relation-aware volume exploration pipeline,” *IEEE Trans. Vis. Comput. Graphics*, vol. 14, no. 6, pp. 1683– 1690, Nov./Dec. 2008.

[16] A. G. Cohn and S. M. Hazarika, “Qualitative spatial representation and reasoning: An overview,” *Fundamenta Informaticae*, vol. 46, no. 1/2, pp. 1–29, 2001.

[17] M. D. Zeiler and R. Fergus, “Visualizing and understanding convolutional networks,” in *Proc. Eur. Conf. Comput. Vis.*, 2014, pp. 818–833.

[18] K. Simonyan and A. Zisserman, “Very deep convolutional networks for large-scale image recognition,” in *Proc. 3rd Int. Conf. Learn. Representations*, San Diego, CA, USA, 2015, pp. 1–14.

[19] J. Long, E. Shelhamer, and T. Darrell, “Fully convolutional networks for semantic segmentation,” in *Proc. IEEE Conf. Comput. Vis. Pattern Recognit.*, 2015, pp. 3431–3440.

[20] N. Xu, B. Price, S. Cohen, and T. Huang, “Deep image matting,” in *Proc. IEEE Conf. Comput. Vis. Pattern Recognit.*, 2017, pp. 2970–2979.

（本文内容来自IEEE Computer Graphics and Applications Sep./Oct. 2021） Computer Graphics

iCANX 人物

北极行者——专访中国科学院空天信息创新研究院研究员付碧宏

文 | 王卉　于存

1975年，《科学》杂志刊发了美国哥伦比亚大学地球化学家华莱士•布勒克一篇名为《我们正处于全球变暖的紧要关头吗？》的论文，这是第一次有人使用“全球变暖”这个词汇。随后在1979年举办了第一次世界气候大会，首次正式提出了气候变暖的说法，此后这个词一直处于“不温不火”的状态。直到20世纪初随着一系列气候环境的变化，“全球变暖”这个词才真正进入到了大众的视野。

大型综艺《小小的追球》带领我们走访了一次北极，我们看到了一片片冰川在迅速融化，感受到了海豹、北极熊对生命的渴求。与此同时，南极出现不明所以的“血雪”等现象，无不在警告着人类如果再不重视全球变暖问题，以为灾难离我们还很远，那未来灾难就会像这次全球新冠疫情大爆发一样，用无数人的宝贵生命、无数家庭的支离破碎、无数恋人的生死离别作为代价，来唤醒公众的觉醒。

回归现实，中国科学院空天信息创新研究院研究员、联合国教科文组织国际自然与文化遗产空间技术中心（HIST）副主任付碧宏，多年来一直致力于利用空间遥感技术与构造地貌学、生态环境学紧密融合，定量分析和研究世界自然遗产地、世界地质公园、世界生物圈保护区的典型地貌和生态景观，特别是从遥感三维空间分析和评价世界自然遗产地的科学价值与美学价值，通过多学科交叉在综合研究联合国教科文组织世界名录遗产地的灾害风险与可持续发展方面做了许多有益尝试和探索。此外，他还担任国家自然科技奖和科技进步奖评审专家、国家自然科学基金委会评审专家。他和他的研究团队在国际期刊上发表论文50多篇，论文被国际SCI期刊引用1000多次。除了是一位名副其实的全球气候变化科学家外，付碧宏研究员还是一位与孩子们相处非常融洽的“接地气”专家，他先后三次带领青少年赴北极开展科学考察，并且在国内外大中小学、科技馆等做公众科普讲座100多场，受众数十万，深受各界好评。

我们非常荣幸邀请到了付碧宏研究员做客iCANX Story（大师故事），并进行了独家人物专访，他将与我们分享这些年他在北极科考的故事以及他的收获与

图1

图2

图3

感悟。

问题：您为什么会选择从事地球科学这项科研事业？

付碧宏：说起这件事既有它的必然性也有其偶然性。1984年我参加高考，那时候是先填志愿，再出成绩，由于对生物化学非常感兴趣，所以第一批重点大学的第一志愿就报考了兰州大学的生物化学专业。与此同时，受家庭环境的影响，我的父亲作为一名高中地理老师，我从小就耳濡目染，自然对地理也很感兴趣，加之有一次我在从我们县城去成都旅行的路上，看到成都地质学院（今成都理工大学）的师生们在野外实习，我当时就感觉地质这个专业简直太好了，能经常与大自然接触，所以第二批普通大学的第一志愿我就报考了这所大学的地质系。也许是因缘巧合，我最终被兰州大学地质系地质学专业录取。

问题：您是怎样走上极地科考这条路的？

付碧宏：我本科读的是地质学专业，硕士研究生学的是遥感地质。研究生期间，我主要学习的是油气遥感，利用空间技术寻找油气有关的地质条件等。硕士研究生毕业后，我在中国科学院兰州地质所工作了十多年。随着研究工作的逐步深入，我深感需要在学术方面进一步提升自己的水平。因此，1999年底我做出了停薪留职赴日本自费攻读博士学位研究生的决定。由于日本是世界上火山、地震频发的国家之一，所以它在地震火山学方面的研究水平非常高，在这里我学到了很多地震地质相关的知识。博士研究生期间，我开始研究地球“第三极”——青藏高原。可以说，我的研究视野在这些年的不断学习和科学研究实践中逐步拓宽，最后北极和南极研究自然也纳入到了我的研究范围。

问题：近年来，您先后多次带领青少年赴北极开展科学考察，并且在全国各大中小学开展科普讲座，将北极的最新情况与大家分享，是什么驱动力让您一直致力于做这项工作？

付碧宏：我一直认为，身为一名科学家，除了潜心从事科学研究工作外，开展科普教育工作既是一份责任，同时也是一份义务。我们需要把最新的科研成果分享给公众，尤其是青少年学生。随着全球变暖的趋势愈加明显，我们希望通过科普这种形式让大家不仅能够拓宽视野，更重要的是学会爱护地球环境，从小事做起，从自身做起，保护人类赖以生存的家园。

问题：极地科考是一件苦差事，自然环境很恶劣也很危险，您能否分享一下您在从事科考的过程中遇到了哪些困难？

付碧宏：的确如此，北极科考的过程其实是非常艰难的。比如，我们最常遇到的就是沼泽地和天气多变的考验。正因如此，我们极地科考时的人数必须至少两人以上，其目的就要保证大家在遇到困难时，能够通过团队间的相互协作和帮助走出困境。作为一名科学家，南北极科考肩负的使命就是获取更多的科学数据，我们也深知这一点，因此无论遇到多大的困难与挑战，我们都会想尽一切办法去克服。

图4

问题：从事科考事业您有哪些收获？

付碧宏：除了自己的科考任务之外，对我来说，最让我感到开心的事就是我曾经带队指导过许多青少年野外科考，他们的视野、格局都在发生着巨大的变化，在他们心中埋下了科学的种子。很多年过去，这些孩子中有的已经成为科学家，有的甚至还成了我的同行，这件事让我觉得很欣慰。所以，于我而言，这是除了科研事业以外我最大的收获，我也会一直坚持做这件事。

图5

问题：我们注意到，您在中国科学院大学官网对招生信息的描述是希望热爱世界自然遗产与可持续发展、资源与环境遥感研究的青年才俊加入我们中国科学院数字自然遗产研究团队。您对这些青年才俊有什么期望？

付碧宏：除了研究世界三极外，我还在联合国教科文组织国际自然与文化遗产空间技术中心任职，我的主要工作是利用空间技术研究世界自然遗产，通过评估各种因素，探究自然灾害、人类活动等对自然遗产的影响与可持续发展。因此，我对学生的要求就是一定要热爱这项伟大的事业，要有着强大的心理，有战胜困难的决心和勇气。我希望在我们的努力下，所从事的科学研究事业能够代代相传，我们培养的人才也能最终实现“可持续发展”。

问题：开发北极是否会对极地环境造成伤害？如何权衡资源开发与环境两者的关系？

付碧宏：相关研究表明，北极地区蕴藏的石油和天然气资源非常丰富，其中石油储量占世界未开发石油资源的25%，天然气占据45%，这是一个非常庞大的数据，但是油气开发过程存在一定风险，一旦发生油气泄漏事故将会对北极地区环境造成污染，甚至对当地的许多生物造成伤害。所以，我们一定要有这个保护的意识。我相信未来随着油气开采技术的提高，会把开采资源对环境的污染和冲击降至最低。

问题：对北极科考最初是源于对未知领域的探索，还是因为对资源的迫切需求？

付碧宏：毫无疑问，北极地区蕴藏着丰富的油气资源、鱼类资源，交通资源也潜力巨大，随着全球气候变暖趋势的加剧以及人口数量的不断增长，人类对资源的渴求将会变得越来越强烈。但是这并不是最重要的一个因素，对于我个人来说，探索北极这片土地的环境变化以及它在整个全球气候和生态系统中的作用和影响才是驱使我考察研究北极的最大驱动力。

问题：中国目前在北极资源开发上的实力和潜力如何？

付碧宏：2004年7月28日，中国首个北极科考站——黄河站正式建成，这是中国依据《斯瓦尔巴条约》1925年缔约国地位而建立的北极科考站。自此中国科学家开始大规模、多学科赴北极开展科考。要去北极，破冰船必不可少，“雪龙号”极地科考船是中国最大的极地考察船，它能够以1.5节航速连续冲破1.2米厚的冰层（含0.2米雪）。如今，我国的“雪龙号”科考船已经从第一代发展到第三代，设备越来越先进，人员越来越多样化，所获取的数据越来越详尽。我相信，随着我国科技事业的发展，未来我国在全球气候变暖领域的话语权将会越来越大。

结语

众所周知，北极地区不仅是地球自然资源的“大宝库”之一，地下埋藏着丰富的油气和矿产资源，还有许多丰富的动植物资源，而且它还是全球气候变化的最大“启动器”和“响应器”。

但是近年来，我们也能够深刻地感知全球气候变暖对我们人类以及对南北极地区所造成的影响，海冰总量及覆盖面积不断减少，据统计，北极地区夏季末留下的冰面积比20世纪80年代初减少了大约40%。2013年，一组科学家在格陵兰冰盖上钻了一系列冰洞，结果发现，冰盖的上层已经变暖了5.7℃，这比全球平均升温的速度快了五倍！我们不得不感叹，这是多么令人恐怖的数据啊！

在访谈过程中，付碧宏研究员多次强调，身为一名科学家他身上肩负的使命就是要获取更多的科学数据，为人类进一步解决全球变暖问题提供详实的科学数据和充分证据。同时他肩负的责任就是培养青少年热爱自然、热爱科学，从点滴做起，唤起大家对南北极地区气候和环境问题的关注，保护自然，保护人类赖以生存的地球家园。

客观来说，虽然中国已经在南北极地区建立了科考站，投入了大量的人力、物力和财力，但是不得不承认，相较于欧美国家，我国起步较晚，极地科考专业人才数量较少，专业设备以及技术的研发还有待继续提高，但是我们坚信，只要有像付碧宏研究员这样的科研人员能够层出不穷，不断普及极地科学知识，中国的极地科学研究事业一定后继有人，青出于蓝而胜于蓝。

追星星的人——专访北京天文馆研究员朱进

文 | 王卉　于存

2015年，张韶涵一首《欧若拉》红遍大江南北，魔力北极光，传说的预言将我们带进红橙黄绿蓝五彩的欧若拉世界中，我们不禁被大自然的神秘莫测所震撼。流星雨作为一种独特而美丽的天文现象，寓意着浪漫、幸福。我们相约一起去看流星雨，当流星划过天空时，我们许下自己的愿望并希望它能够实现。类似这样的天体现象还有很多，比如日食、月食、太阳黑子等。

回顾过去，我们对宇宙探索的脚步从未停止。从东汉时期张衡发明观测天文的浑天仪到今天的天文望远镜、射电望远镜，天文观测仪器不断发展、前进。展望今天，一批又一批天文学家前赴后继，为我们揭秘神秘的天体现象，带我们领略地球外的另一个世界，去感受宇宙的浩瀚。

宇宙究竟是否有开端？外星人究竟是否存在？我们能摘到天上的星星吗？为什么星星会有名字呢？一系列这样的问题无不在吸引着我们。2021年5月22日，“杂交水稻之父”袁隆平逝世，举国悲痛，但是他却化成了天上的一颗“袁隆平星”一直守护着我们。那么小行星是如何发现并命名的？天文到底是研究什么？下面请朱进研究员来为我们一一解密。

朱进，北京天文馆研究员；《天文爱好者》杂志主编；中国天文学会普及工作委员会主任；国际天文学联合会小天体提名工作组成员；国际天文馆学会董事。曾荣获中国天文学会张钰哲奖、全国优秀科技工作者称号。

1985年本科毕业于北京师范大学天文系。1991年博士毕业于南京大学天文学系。1991－2002年在中国科学院国家天文台工作。2002年至今在北京天文馆工作。2002－2019年任北京天文馆馆长、北京古观象台台长。

图1

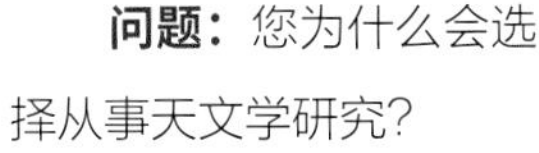

问题：您为什么会选择从事天文学研究?

朱进：我上中小学的时候，特别喜欢数学这门功课，当时家里认为我在数学方面可能未来会有所建树，所以给我聘请了一位数学辅导教师，由于这位老师曾经学过天文，而且还是留德归国，所以在他的影响下，我渐渐对天文产生了兴趣，在报考大学志愿时，我选择了天文专业。回头一看，我已经与天文学打了40多年的交道了。

问题：您在从事天文观测的过程中遇到了哪些困难？您是如何克服的?

朱进：总体来说，我觉得收获要比困难多得多。如果非要说有什么困难，那可能更多的是从客观条件层面讲，比如，天气或者设备等原因会影响天文观测能否顺利进行。

我从1981年上大学到博士毕业，再从博士毕业后到中国科学院国家天文台工作11年，后来又去了北京天文馆工作了19年。其实这些年我对待天文的心理也

图2

在发生着微妙的变化。从一开始天文作为我的一种职业，到现在不知不觉间我已经成为一名资深的天文爱好者，有时候晚上我也经常去看星星，做一些天文摄影活动。

所以，能够把职业变成兴趣我觉得是一件既幸运又开心的事。

问题：您从事天文工作多年，最大的收获有哪些？

朱进：我觉得不同的阶段有不同的收获。比如，前20年我一直都在做专业的天文研究和学习，收获更多的是天文学知识；后来我从中国科学院国家天文台转到北京天文馆工作，开始越来越多地接触到天文爱好者、公众和媒体，这个时期我对天文的理解也发生了变化。起初我觉得我做科普是为天文事业培养优秀人才，在我看来，这么好的学科和领域，如果没有优秀的人来学习，那是一件很可惜的事情。但是真正到了天文馆之后，我发现，天文馆和天文虽然只是差了一个字，但是完全不是一回事。由于它本身所固有的特性，了解天文对于我们提高全民科学素质，培养科学精神具有非常重要的意义。我慢慢地感觉到，其实我们每个人都与天文有着千丝万缕的关系，学习天文，并不意味着你一定要成为专业的天文学家，其实做天文观测，会让人有一种幸福感，你会感叹宇宙的浩瀚，神奇天象的发生。

问题：天文爱好者是不是一定要有天文望远镜作为观测工具？如此一来天文会不会成为一种奢侈的爱好？

朱进：很多人都可能会觉得作为天文爱好者，我首先得买个天文望远镜，要不我怎么看星星，看天体运动呢。在这里，我想给大家纠正一个误区，那就是望远镜对于天文爱好者来说不是必需的，肉眼是最好的观测设备，很多的天象，比如流星雨、日月食、彗星等，其实用肉眼欣赏就好。望远镜的确能够拉近我们与这些天体的距离感，但是它的口径太大，口径一大，视场就会变小。越贵的望远镜，口径越大，视场越小。只能看到天上很小的一部分。所以一定不要认为望远镜是必要条件，如果你真的喜欢并热爱天文，就用你的眼睛去记录这些美好，因为它是世界上最好的天文观测工具。

问题：众所周知，我国经常会用一些文学家、科学家的名字来命名天体，比如“巴金星”、“陈景润星”、“袁隆平星”，您能不能讲一讲用这些文学家、科学家的名字命名有什么积极意义？

朱进：小行星是目前各类天体中唯一可以根据发现者意愿进行提名，并经国际组织审核批准从而得到国际公认的天体。小行星的名字由两部分组成：前面一部分是一个永久编号，后面一部分是一个名字。所有的小行星命名，须报经国际天文学联合会小天体提名工作组审议通过后，才公布于世成为该天体的永久名字。早期小行星的命名多选取古代神话故事中的人物，后来绝大多数小行星的命名成为对特定人物、地点、组织或事件的纪念。

其实我们国家到目前为止一共有几百颗由中国杰出人物、中国地名或著名单位命名的小行星，比如杨振宁星、李政道星、钱学森星、北京星、中国科学院星，还有巴金星、袁隆平星等。我觉得这样的命名首先体现了我们对这些科学家的尊敬，另一方面这本身也是一种宣传，让更多的公众关注国家科研事业的发展，时刻谨记这些为国家做出巨大贡献的人。

问题：随着神舟十二号载人飞船的成功发射，我国航天事业的发展愈发受到瞩目，其中不乏对天文领域充满好奇的青少年。对于想要学习或从事与天文相关工作的同学，您有什么建议想要与我们分享？

朱进：近些年来，中国的航天事业取得了巨大的成就，嫦娥探月、神舟载人航天、天问一号深空探测等一系列国家重大项目取得突破，引起了人们对航天事业甚至是天文事业的关注。

图3

但是从客观角度上来说，天文和航天还不是一回事。天文关注的是离我们人、地球很远的东西。而航天则与我们国民经济有着密切的关系。再比如，天文和航天对从业人员的要求也不一样，航天要求精准、严谨，更多地强调系统性思维。而天文则要求你敢想，要有好奇心，相较于航天的精准而言，可能天文会相对随意一些。但是这两者对于青少年来说都是必需的，航天要求你有吃苦耐劳、勇于探索的精神，天文要求你有上下求索的好奇心和想象力。

问题：天文学究竟该怎么学习？

朱进：天文学与其他学科不同，天文学研究的是我们看得见但却摸不着的东西，更多强调的是观测，其他学科我们可以通过做实验，改变实验条件或者参数来得出实验结果。但是学习天文，更多时候我们是以一个第三者的角度去看整个宇宙如何在物理规律的条件下去运动，由于研究内容的时间和空间范围远大于地球，所以我们会遇到各种各样出乎意料的东西，也就是说时刻有惊喜在等待着你。

此外，学好天文学的方式也和其他学科不太一样。以前我们总说，读万卷书行万里路，这句话用到天文学身上就不那么恰如其分了。因为教科书和课本上的知识往往跟不上变化，可能上一秒是对的，下一秒就不对了。所以，只能以实践的方式来观测并琢磨到底是怎么回事？对于中学生而言，想学好天文就要先培养自己对于它的兴趣和好奇心，等上大学之后再系统地学习包括物理、数学和天文学的相关知识。

问题：暗物质是大型星系团不“散架”的原因吗，如果是，原理是什么？

朱进：暗物质的引入跟我们观测的星系旋转曲线是有关系的，比如银河系。不同的行星围绕星系旋转的速度是不一样的。离星系的中心距离越远，一开始速度会越来越大，但是当它到达某个点之后，这个速度就会降下来。从观测上看，星系的旋转曲线到达某个高度后，它其实就平了。换句话说，从某个距离看，只有速度一样的行星在围绕星系中心旋转。这个事就比较奇怪，所以有的学者认为在星系这个尺度下肯定有我们肉眼看不到的，但是却存在具有引力和质量的天体。

目前，学术上对暗物质和暗能量的研究还处于探索阶段，并没有专门的解释。有的科学家认为，可以通过计算来算出暗物质，也有的科学家认为，解释星系的旋转曲线可以有其他的方式，如果把引力定律的参数改了，那么它有可能产生效果。还有的科学家认为，根本不存在暗物质，就像以前大家都认为真空中有以太一样，暗物质可能也是不存在的。

问题：天文学与占星术的相同与差异都有哪些？

朱进：天文学和占星术关注的对象都与星空有关。但是从本质上说，两者不是一回事。古人仰望星空，所观测到的特殊现象他并不知道是什么原因引起的，所以经常会把各种天象和事件联系起来，这种方式预测的事情是没有任何科学依据的，所以占星术更多的是主观上的猜测和联想，都是不正确的。但是天文学不一样，天文学是一种科学，它要求你用纯客观的眼光去观测，探究现象背后的物理原因。

问题：您对第九大行星存在与否的看法？

朱进：我们知道太阳系的八颗行星分别为水星、金星、地球、火星、木星、土星、天王星以及海王星。20世纪30年代，由于当时人们对太阳系起源和演化的认识和研究没有像今天那么深入和彻底，所以当时就把刚发现且围绕太阳转的冥王星认为是第九大行星。20世纪六七十年代，天文学家柯伊伯提出在海王星轨道外还存在很多类似冥王星这样的天体，后来被命名为柯伊伯带天体。20世纪90年代，天文学家最终确定在海王星轨道外还有很多我们称为海王外天体或柯伊伯带天体，而冥王星也成为第一个柯伊伯带天体。所以如果不是发现冥王星的时间过于早的话，那冥王星肯定不会被归入行星这个行列。2000年，小天体提名委员会建议将冥王星同时作为小行星和大行星，但是最终决定，冥王星还列在九大行星内。随着理论和观测技术的逐渐进步，人们发现了比冥王星更大的天体，而且轨道也差不多，所以就这出现了一个新问题，冥王星到底是不是第九大行星。又过了几年在布拉格开会的时候，我们将冥王星定义为矮行星并且重新对行星进行了定义，那就是如果是行星，需要将轨道附近的小天体全部清空，而冥王星不满足这个要求，所以它不在九大行星内。这就是冥王星被踢出九大行星的真相。

至于在海王星轨道之外是否仍然存在一个绕着太阳转的行星？这个可能性不能说没有。因为现在还有一个可能性，就是在它的轨道外还有一个与地球质量类似的行星，这个行星在围绕太阳旋转的过程中会对柯伊伯带的天体产生影响。但是这一问题未来还需要被证实。

问题：外星人是否存在，若存在，其文明程度是高于还是低于人类？

朱进：这个还不能百分之百确定。但是依我看来，外星人应该是存在的。因为在宇宙里面类似地球这样的行星数量其实是非常多的。在整个银河系里面，像太阳这样的恒星就有几千亿个，这么多恒星里面，假设每个恒星有10个类似地球这样的行星，那整个银河系里面就会有上万亿个行星，这是一个非常惊人的数字。至于这些外星人的文明程度是高于还是低于人类，我想这两种情况应该都有，有的可能科技和文明发展的程度要比人类更好，当然，也有的可能发展的不如人类。

作者寄语

初次见到朱进老师时，他身着一身运动休闲衣，脚踩一双旅游鞋，黑色的卷发很有特点，肩上背着一个容量很大的户外登山包，相机挂在胸前，颇具艺术家风范，感觉像是一位资深的摄影艺术者。

朱进是我首个采访的天文学家，对于我来说，他给人的第一印象就是随和、随性、很有艺术范。2021年8月，朱进老师接受iCANX Story（大师故事）之暑期特别活动的邀请，录制当天朱进老师很早就来到现场，在简单的自我介绍后，他迅速换上皮鞋，拿出笔记本，反复校对讲稿。最让我印象深刻的一件事情是，在朱进老师和学生问答的环节录制出现问题后，朱进老师主动要求重新录制，把刚才学生提问过的问题再次回答了一遍。我想这一点不是每位科学家都能做到的。对待学术的认真，对待学生的负责，对待问题的态度，我觉得朱进老师不愧为学生们信赖且尊敬的人民科学家。

2021年8月底，突然收到朱进老师的消息说第二天要来长春观测天宫过境并顺访长春光机所，因为在北京受天气影响无法观测到这一天文现象。再次见面，他依然全身户外装备，大大的背包，高度从腿部到头顶，里面是他拍摄用的各种设备。谈及他住在哪个宾馆时，他说在附近随便找了一个住的地方，60元一晚，条件还不错，只是没有窗户而已，但是这样已经比他去野外观测的条件好太多了。我再次仔细打量面前这位艺术气息浓厚的天文学家，心中满是敬佩。他没有给我打电话让我帮他订住宿，因为怕给我添麻烦，也丝毫不计较住宿的条件，因为在他心中，只有天文观测才是大事，其他都不值一提吧。

图4

前两天翻到朱进老师的微博，粉丝数竟然高达62万，每天他都会分享关于天文学观测的知识以及自己的最新发现，与天文爱好者分享信息，交流感受。于他而言，天文早已成了他生命中不可或缺的一部分，这份热爱和热忱，将会影响更多人，更多青少年，走进天体宇宙，引领人类探索未知。

最后，真心感谢朱进老师能够接受我们的采访，将这么多精彩有趣的故事分享给读者。如果你也对天文感兴趣，不妨亲自到北京天文馆一探究竟。

陈蓉：立足生活点滴，用坚守与热情浇灌科研之花

文 | Michael

“科学知识是无数科研工作者前赴后继忘我工作的心血凝结，但其更是对纷繁世界变化万千的系统性归纳与总结。”华中科技大学机械学院教授陈蓉用这样一句话总结了自己的科研心得。在她看来，科研工作者不仅自己要享受科学纯粹的乐趣，也要懂得推广、普及科学知识。

对于陈蓉来说，很多时候她需要向大众普及自己所从事的研究方向和内容，很多场合时间紧凑，她需要用一张图或者几句话将复杂的科学技术问题向观众进行准确而又形象化的传递，涉及“数理化”的科学内涵则被大大简化。

“这要求演讲者具有极强的逻辑性，基本上要在30秒以内让人家大致理解你在做什么，以及故事背后的关键科学问题在哪里。这个时候想象力和创造力非常重要，用有艺术感染力的图表将科学问题形象化，有助于帮助大家理解，而操作过程中又涉及美学范畴。有时候我给学生的建议就是看一下名画的配色，学习画面如何搭配。因为在科研文章里我们也越来越开始讲究颜值了，一篇科学论文在给读者传递知识的过程中，赏心悦目一定比枯燥乏味更具吸引力。”陈蓉说。

这样一席话引发了记者强烈的采访兴趣。在与陈蓉展开对话前的联络中，她就这样介绍自己：一位热爱旅游和艺术的科学家。的确，若只看她发来的照片，不去了解她的经历，谁也不会将她与科研、芯片等名词联系起来。

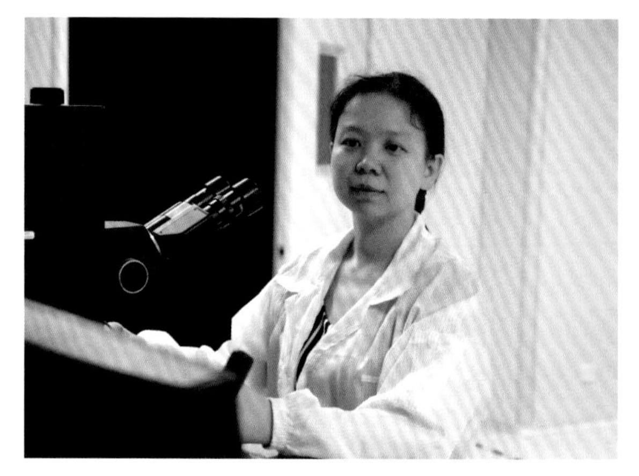

图1

陈蓉2001年在中国科学技术大学获得学士学位，2006年在斯坦福大学获得硕士、博士学位。归国前先后在Applied Materials、Intel Labs担任高级技术职务。现任华中科技大学机械学院教授、博导，柔性电子研究中心副主任。科学探索奖获得者，国家“万人计划”、青年特聘专家入选者。研究方向围绕着原子层沉积工艺、装备及其应用等展开，在*Nat Comm*, *Adv Mater*等国际知名期刊上发表论文130余篇，获专利发明授权70余项，包括多项国际专利。先后荣获湖北省技术发明一等奖、日内瓦国际发明展评审团特别金奖等多项奖励。

日前，记者有幸对话陈蓉，听她讲述自己从工业界到大学教授的经历，以及她是如何在生活中获得科

研灵感的。

曾经的企业经历为她提供灵感方向

“我们团队从事的工作是希望实现原子尺度制造，有时候在论文封面或插图中，我们都想尽量体现原子制造的概念。譬如自然界的蜜蜂去采蜜时，我们把原子比作花粉，通过蜜蜂来传播。更形象地来说，可以想象像搭建乐高、搭房子那样基于原子制造方法把我们的芯片搭出来。”采访一开始，陈蓉便用这样生动的比喻向记者介绍了自己的研究内容。

除了芯片以外，陈蓉团队还涉及极大、极小领域复杂结构的制造，探索在极端环境，如何发挥材料的优势，同时提升产品的一致性、效率、稳定性。例如跟人体接触的医疗检验设备，应用过程中与人体接触时要极柔，同时在汗水浸透条件下可靠性还不能降低。

涉及具体研究内容时，陈蓉反复强调的是应用，研究需要有所输出，而这基本上都是跟产品挂钩的，这与她的经历密不可分。归国任教前，她曾先后在Applied Materials、Intel Labs担任高级技术职务。企业工作经历为她如今的教学、科研工作提供了强大的基础和灵感方向。

“我觉得这一段经历是非常宝贵的，在企业工作教会了我两件事，第一件就是围绕一个目标去工作。因为科研工作特别是产出文献的过程中，有些科学问题可能是科学家大开脑洞想出来的，但这可能不是现实生活中制造业或者企业最关心的。所以这个经验对我来说非常重要，我个人认为做科研应该还是要能为解决实际问题贡献力量。”陈蓉此番话，正体现了她作为青年科学家的使命感。

在加入华中科技大学之前，陈蓉在英特尔主要从事芯片制造方面的研究。“当时并非单打独斗，而是团队战斗，因此协作、规划十分重要。”目前交叉学科的发展已是大势所趋，“在做科研的过程中，协调、规划也是非常重要的。”陈蓉说。一人浑身是铁，但又能打几颗钉？如何带领很多人共同朝着一个目标努力，这是真正需要思考的问题，企业的经历教会了她这一点。

“各个学科的人需要互相了解对方的学科，用一种共同的语言来协作，其实难度还是挺大的，这也是我作为科研工作者一个非常大的乐趣，好像可以一直不停地学习新的东西。比如说现在我们很讲究交叉学科，不管是主动还是被动，你都要去学习很多跨领域的知识，而这种交叉，也是推动整个科技创新发展的动力源所在。”陈蓉说。

她说青年科学家要有突破更要有坚守

随着时代的发展，越来越多的青年科学家走上了舞台，吸引了大众的目光。对此陈蓉谈到，青年科学家呈现给大家的精神面貌不再是以往的刻板。“这些都可以理解，现阶段知识更新迭代的速度太快，竞争压力过大，因此，他们需要去进行适当的宣泄和释放，或者说发展一些其他的兴趣和爱好，来实现自己生活节奏和心态的调整。与此同时，年轻的科学家们通过传达自己的个性和独特魅力也可以让社会大众认识到，科研工作者并非拘泥于自己的方寸之间，他们的生活也是丰富多彩的，这也将会吸引越来越多的年轻人投身到科学研究工作中。”

青年可以突破许许多多的边界，但是在陈蓉看来，有一些品质需要坚守。首先，勤奋是作为一名青年科学家必不可少的品质之一，但光勤奋肯定是不够的。“我认为热情也很重要，因为很多情况会面临失败，热情就是失败过后的哪怕一点点成功，也能带给你非常大的乐趣和满足感。我相信大家肯定都会面临各式各样的不如意或者失败，但这时候仍旧需要坚持下去的热情，或许过一段时间再回头看这个问题，就有不一样的思维。”陈蓉说。

陈蓉提到的第三点就是诚信。她向记者讲述了Bell实验室的德国年轻科学家舍恩(Jan Hendrik Schon)造假的案例。这位年轻科学家在3年时间发表了超过

图2

100 篇论文，甚至被称为“爱因斯坦二世”，但最终被发现数据造假。

陈蓉说，科研工作者被认为是人类在科学领域开疆扩土的战士，“因此我们所做的工作是会持续接力进行下去的，基础必须夯实。最让人不能容忍的便是学术造假，为了追求好的结果人为捏造数据。”这样的成果尽管短时间会引起轰动，但是会坑害大部分的同领域科研工作者，在错误的基础上去研究路只会越走越偏，无形之中会消耗大量的人力物力。

“平衡工作与生活”在她看来是伪命题

陈蓉说，自己是一位热爱旅游、热爱艺术的科研工作者。之所以选择从企业回到校园，就是因为老师这份工作给了她更多学习新东西的机会，能接触年轻人，接触不同的想法、思维方式，有更加自由的从事科研的机会。她的爱好：旅游和艺术，也为陈蓉提供了科研灵感，让她的工作更有意思。

“举一个例子吧，我曾经在西班牙看到一个建筑，我就会去想这个建筑的结构，它为什么这么稳定，如果我们在微纳尺度下能够做出这样的结构，是不是就有非常好的力学强度？因为有一些建筑看起来很诡异、很怪，但它经历了千百年的风吹雨打依然保持稳定。还有一个例子我觉得很有意思，飞机的机翼容易结冰，一结冰就很容易有危险。为了解决这个难题，科学家就到秦岭上去找，下雪天看哪个叶子上不结冰，然后把这些叶子收集回来分析，找出它们在微观结构上有什么共同特征，是否能够人工合成。”陈蓉说，科研工作很多时候要向大自然学习，但如果真想把这些想法进行实践，还要下很多的功夫。

作为女性科研工作者、一双儿女的妈妈，经常被认为是平衡工作与生活的高手，陈蓉却认为这种“平衡”有点伪命题。

“一个人只有这么多时间，更多的是热情，以及内在的专注力和执行力，对于女性科研工作者来说，承担着家庭、孩子的责任。如何兼顾，需要我们换个角度看待这个问题。比如，在陪孩子的过程中有可能了解他们原始的想法，对这个世界的好奇，这也可能对科研工作有启发。”陈蓉说，自己曾到孩子就读的附小做科普讲座，她发现，将科研相关的知识讲给小学生是非常难的事情，你要想办法把它讲明白，让学生有兴趣，还要能维持纪律是很有挑战的。科学普及，我们一直在路上。

在这个过程中，陈蓉发现孩子们问的很多问题值得去思考，同时他们天马行空的想法，也帮助她打开了思路。“很多时候并不是说具体的哪一点启发了你，而是一个意想不到的想法，甚至来自其他领域的问题会启发你思考。”陈蓉说。

图3

岑浩璋：以勇敢的心探索未知，以感恩的心追求真谛

文 | Michael

孤独，它的产生与蔓延，对每个人来说都有着不同的意义，而对于正“行走”在科研道路上的青年科学家岑浩璋来说，面对孤独的原因往往是真正的科学家都对自己的研究题目有独特的见解，其他人未必能明白及同意，就算经过一段很详细的解说及实验验证，也不一定能说服身边的同行，更遑论普罗大众。

这样看来，科学家的孤独或许正来源于此。

岑浩璋说，勇敢面对科研道路上的困难，不是说说而已。“我想勇敢的意思是要坚持做一些没有人做过的科研题目，心中设计的方法也不一定可行，但是必须跨出第一步，并不断改良，这个过程确实需要勇气。另外勇敢亦体现在研究过程中难免不断经历失败，实验结果跟期望不一，或最初的想法有错误，或实验过程中出现挫折等，仍愿意不断努力尝试，深信最终会找到答案。过程中所获得的挑战及满足感是很多科学家坚持的原因，也是科研吸引我的原因。”

岑浩璋是香港大学机械工程系与医学工程学科的教授，本科毕业于普林斯顿大学化学工程系，博士毕业于哈佛大学应用物理系。岑浩璋的研究兴趣主要包括微流控、乳化，以及软物质等。他曾于2012年获得香港RGC青年科学家奖，并被选为多个学会成员，如香港青年科学院和Global Young Academy。

读到他的履历，记者惊讶但又不意外，因为，他和许许多多杰出青年科学家一样优秀，这种优秀成为了标签和习惯，在这群优秀的青年科学家身上出现时，已经是情理和意料之中。

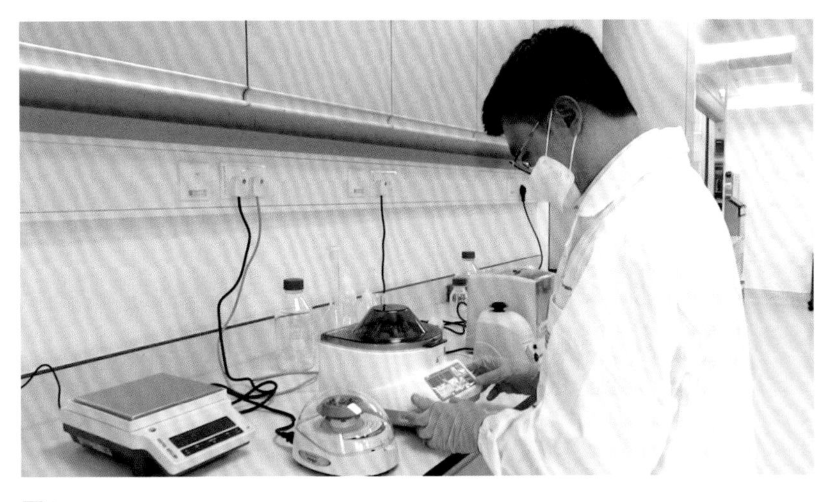

图1

对自然规律的好奇心是他最大的动力

作为一名科学家，除了过硬的业务能力，还有哪些必须具备的条件？岑浩璋心中自有答案。“我认为科学家最需要的是做科研的动力，就是对自然规律的好奇心，或是解决问题的坚持。”他说。

或许就是这份源源不断的好奇心，支撑着他在科研这条充满未知的道路上前行。不过，他告诉记者，这只是一个标准门槛，若想保持不断进步，态度也十分重要，科研人员的高度取决于他们是否愿意持开放的态度去接受批评，并坚持以最严谨的态度去验证。下一步就是能否有效地把科研成果向其他同行科学家以及普罗大众分享传播。

他的回答与自身经历相得益彰，在此前的采访中，他详细介绍了自己与科研工作的结缘。“我抱着对工程学和化学的浓厚兴趣开始了本科阶段的学习。我坚信工程学是一门伟大的学科，因为它着重培养和发展人们定量化的、能够解决实际问题的分析能力。”岑浩璋说，再往前回顾，就是高中时期，“那时候化学已经引起了我很大的兴趣。在化学世界里，通过对不同化学成分的规划组合，我们往往可以看到非常神奇的化学反应现象。”

到了本科第三年，岑浩璋在教授们（Ilhan Aksay教授和已故的Dudley Saville教授）的指导下开始了在实验室的研究工作。岑浩璋发现，有些研究尽管自己保持高度的热情与努力，却不一定能得到自己想要的结果，这便是科学界人们所说的科研工作要长期与失败、未知作伴。

然而正是在这样的未知之中，岑浩璋体会到了“求而不得”的感受。“在大概和实验室里的高级成员一起努力工作一年以后，我的实验开始以我之前完全意想不到的方式奏效，这带给了我难以言表的巨大满足感，就在那个时候，我认定这样的科学研究正是我一生当中想去做的事情，开始把科研当成我的终身事业。”岑浩璋说。

图2

从好奇心出发，经历“求而不得”，最终“另辟蹊径”。这便是岑浩璋着迷于科研的原因，也是他坚持下去的强大动力。

科研之路他收获最多是感恩

谈到科研之路印象最深刻的人或事，岑浩璋告诉记者，那便是自己的老师和学生们。“老师们对科学问题单纯的寻求，让我发现做科研的吸引之处。很多老师生活无忧，完全可以退休享受生活，但他们仍坚持做科研，身体虽然疲倦，但是对科研的兴趣一点没有减却，这让我深深感受到科研的吸引力。”岑浩璋说。

另一方面，学生们的进步和突破，也让他对未来科技发展充满信心。“有很多初投入科研的学生，最初由于科研经验不足，经常力不从心，偶尔也让我十分气愤，但是由于他们对科研的坚持，经过不断的努力尝试，过了若干时候，进步很明显，想出来的方法超出我的想象。”岑浩璋说。自己很喜欢学生们在实验中的偶然发现，很享受研究带来的惊喜以及在实验中学习的过程。

因此，他以“感恩”总结自己多年来的科研之路。他说，他感恩国家的强大以及对科研工作的支持，他感恩遇见的人或事，因为无论做什么工作，仅仅靠自己的努力，是无法得到如此多展示自己的机会，甚至获得成就的。

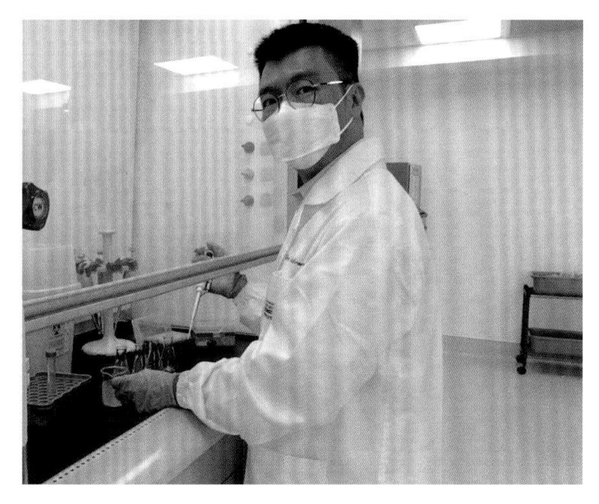

图3

生命起源中获得启发与灵感

“生活中，我大多数时间都跟家人和孩子在一起。孩子们一些看来很天真的问题，往往我回答不了，偶尔会让我想去努力搞明白，这也给我带来了科研灵感。”岑浩璋这一席话引起了记者的兴趣，往往人们印象中的科学家形象，都是沉浸在工作中那种一丝不苟的状态，而岑浩璋却完全展现了一种属于青年科学家的方式，将生活和工作有机结合，将爱转化成工作的动力和热情。

这也与他所从事的领域脱不开联系。岑浩璋介绍，自己感兴趣的领域主要围绕生物医学，希望结合基础科研及创新应用，通过对生物、人体、细胞等新的认知，开发仿生技术并将之转化成便携式装置或者仪器，希望进一步提升人类的健康，降低生物医疗设备的成本，惠及大众。

与研究探索自然中现有的天然材料不同，岑浩璋最近的研究从生命起源的化学基础中汲取灵感，并将其直接用于新型功能材料的设计和组装。岑浩璋介绍，根据目前生命起源研究的成果，最初的生命起源于一种包含各类简单化学物质如水、甲烷、氮气和硫化氢等的“原始汤”中。在适当的微环境和能量输入下，这些简单的物质通过一系列复杂的化学反应网络，逐步反应、聚合和组装产生具有自我复制和代谢能力的生命雏形。这个过程包含了从简单到复杂，从无机到有机，从化学到生物的一系列转变。可以说，生命的产生是“原始汤”中的分子经过一系列最佳组装和筛选模式的结果，代表了一种在复杂原始环境中出现的精确、高效而又智能的制造模式，与自下而上的先进材料的设计、组装和制造有很多相似之处。

正是因为从事这项科研工作的研究，岑浩璋明白，只有对于生活的足够观察与了解，才能真正推动技术的前进，并最终实现落地与应用。“以新冠肺炎为例，科学家可以根据自身及地域的条件，做出相应的研究，通过讨论、交流、交换科研上对病毒的认知，应付病毒的方案，以及其他相关的经验，找出有协同效应的方法，互相提高应变的能力，合力解决全球性问题。”他说。